Ferrovias

José Manoel Ferreira Gonçalves

Projeto gráfico: Bureau do Brejo
Capa: Marcelo de Angelis
Revisão e copidescagem: Vivianne de Castilho Moreira
Gráfico Responsável: Ladimir de Jesus Silva
Editoração eletrônica: Cristiane Nienkötter
Editor-assistente: Karina Déa
Editor: Sálvio Nienkötter

Dados Internacionais de Catalogação na Publicação (cip)
Angélica Ilacqua CRB-8/7057

Gonçalves, José Manoel Ferreira

Ferrovias / José Manoel Ferreira

Gonçalves; ilustrações de Marcelo de Angelis; Kotter Editorial, Curitiba, 2016, 281 p.

ISBN 978-85-68462-19-5

Ferrovias – Brasil 2. Estradas de Ferro – Brasil – 3. Locomotivas – Brasil I. Título II. De Angelis, Marcelo.

Texto adequado às novas regras do acordo ortográfico de 1990, em vigor no Brasil desde 2009.

Kotter Editorial Ltda.
Rua das Cerejeiras, 194, Barreirinha, Curitiba-PR
CEP: 82700-510 / Tel:(41) 3585-5161
www.kotter.com.br | contato@kotter.com

Feito o depósito legal.

2016
2ª. edição

Ferrovias

José Manoel Ferreira Gonçalves

Sumário

Apoios Fraternos

José Alberto Moraes Alves Blandy

Nunca imaginei o quão difícil é apresentar as qualidades pessoais do autor de uma obra técnica, elaborada por um idealista de boa formação acadêmica, em um espaço de pouco mais de vinte linhas. Para tanto, cedi à ditadura da edição que me foi imposta e, assim, tentarei traçar o perfil do engenheiro-empresário, também jornalista, advogado, pós-graduado em Política e estandarte da restauração das ferrovias brasileiras. Este é o paulistano José Manoel Ferreira Gonçalves, que conheci em Santos há quase 40 anos. José Manoel era dono de uma vibrante emissora de rádio no tempo em que eu conduzia um atrevido jornal do grupo Folha de São Paulo. Ambas as linhas editoriais pareciam, muitas vezes, geradas pelas mesmas inquietações de quem aceita enfrentar, sem temor, as mazelas dos maus ocupantes do Poder Público. Queríamos, como ainda hoje, um País mais sério e melhor.

É desta época o José Manoel que, cheio de coragem, ainda jejuno de todos os cacoetes provincianos da política praticada na cidade, me cativou ao sentenciar: "A partir de amanhã, você fará parte do quadro de jornalistas da rádio." Essa foi uma das respostas que ele deu aos poderosos que ameaçavam amordaçar os adversários e pareciam satisfeitos com o fechamento do jornal que os vigiava diuturnamente. Contudo, eles não contavam com a determinação e com a conduta reta e sadia do dono da rádio Atlântica. E foi desta forma que passamos a conviver diariamente. E, assim, senti de perto o calor do carisma e o temperamento do jornalista e engenheiro envolto com projetos de um novo Brasil. Afastamo-nos por razões profissionais. Mais de dez anos se passaram. E, sobraçando novos títulos universitários e de pós-graduação, um dia ressurgiu o amigo acolhedor, com um novo projeto de luta: a restauração das ferrovias brasileiras. Sem pestanejar, engajei-me na empreitada, reconhecendo, outra vez, a seriedade do propósito e tantas outras virtudes do seu idealizador. E cá estou reclamando espaço para registrar a essências do intelectual que tenho a honra e o prazer de ter como amigo, mas que odeio por ter me reservado apenas pouco mais de vinte linhas para registrar os dotes de virtudes (e os defeitos) de uma amizade de 40 anos de admiração e respeito.

José Alberto Moraes Alves Blandy é Jornalista e advogado

Celso Matsuda

Conheci José Manoel Ferreira Gonçalves como um jovem e talentoso jornalista em busca de notícias sobre a cidade. Revelou-se um estudioso e apaixonado pelos assuntos principalmente de causas públicas. Persistente, formou-se engenheiro, advogado e obteve o seu título de doutor. E, mais recentemente, especializou-se em Política.

Ao reencontrá-lo deparei com um pesquisador e defensor de um projeto nacional de modernização das ferrovias brasileiras. Não só coloca o seu conhecimento como professor nas salas de aula, nas pesquisas e debates acadêmicos, mas atua com entusiasmo como defensor atuante da causa na presidência da FERROFRENTE - Frente pela Volta das Ferrovias.

O autor José Manoel reúne nesta publicação as suas reflexões, relatos de ações públicas, ideias e propostas. Com muita propriedade aponta os desafios para um projeto de governo, um grande projeto para modernizar e ampliar a rede ferroviária brasileira.

A safra brasileira de grãos colhida em 2015 estabeleceu mais uma vez um novo recorde de produção com mais de 209 milhões de toneladas, segundo o Instituto Brasileiro de Geografia e Estatística (IBGE).

As regiões brasileiras do Centro-Oeste, Norte e Nordeste lideram com 55% da capacidade produtiva na produção de grãos. E, as do Sul e Sudeste com 45% de participação.

A ferrovia, ensina o professor José Manoel, é uma das alternativas mais relevantes no sistema modal de transporte para escoamento da safra agrícola, além de reduzir consideravelmente o custo de transporte da produção. As propostas do autor sugerem ampliar a capacidade de transporte de cargas por ferrovias e assim eliminar os gargalos logísticos.

O ajuste fiscal em 2015 praticamente paralisou as obras em ferrovias no país. Nada mais oportuno que a iniciativa do engenheiro Jose Manoel Ferreira Gonçalves para reativar e colocar em pratica essa prioridade nacional.

Celso Matsuda é Professor, pesquisador, doutor pela USP, mestre e especialista em comunicação. Foi Secretário Nacional de Política Agrícola do Ministério da Agricultura e Secretário Municipal de Abastecimento de São Paulo. Ocupou a presidência da Companhia de Entrepostos e Armazéns Gerais do Estado de São Paulo.

Walter Pedro Bodini

Há alguns anos conheci José Manoel Ferreira Gonçalves. Ele me procurava no escritório para conversas sobre infraestrutura de transportes e, especialmente, o transporte ferroviário, pois acabava de editar um livro, onde abordava a questão dos gases emanados pelos veículos, bem como a importância do transporte ferroviário sob o aspecto desse tema.

Nesta oportunidade, depois de longa conversa, me deixou um exemplar da sua obra e disse-me que gostaria de conhecer a minha opinião a respeito. Comprometi-me com a leitura do trabalho para, num segundo encontro conversarmos, o que aconteceu alguns dias depois.

Foi uma jornada de uma tarde completa, iniciando às duas da tarde e terminando às sete, sem que nos apercebêssemos que há muito o sol já nos havia deixado. Como naquela conversa, ele me apresentava a bandeira da "volta do trem"; encetada por meio da FerroFrente, uma entidade que criara para defender a importância do Transporte Ferroviário como agente de importância para combater as emissões de gás carbônico na poluição da atmosfera. Aproveitei as horas daquela tarde para mostrar ao José Manoel outros fatores de importância que o trem apresentava para o país, principalmente para o chamado "Custo Brasil", que, como consequência, por falta de uma política de transportes, marginalizava o país na competição com outros países, principalmente no que se refere à exportação da nossa produção.

Comprometi-me em dar-lhe o meu apoio, o que tenho feito em inúmeras reuniões representativas de classe e opinião. Autorizei, outrossim, José Manoel a usar esta manifestação como instrumento de apresentação para defesa da bandeira que desfraldou.

Walter Pedro Bodini é Ex-presidente da FEPASA

As mudanças rápidas em nosso tempo não são somente de raiz tecnológica. Alguns vocábulos, por exemplo, migraram subitamente do léxico ao uso cotidiano, de forma abrangente. Atualmente, é praticamente impossível assistir a palestras ou ouvir discursos em que não apareçam termos como sustentabilidade, equilíbrio sustentável, responsabilidade social, melhoria na mobilidade das pessoas e logística. Contudo, a velocidade retórica não corresponde à rapidez de execução. José Manoel traz em *Ferrovias*, de maneira competente e ousada, raciocínios e situações que permitam a saída do discurso rumo a prática; emprestar a agilidade das palavras às ações, às obras e aos trens. E isso é realizado de maneira simples, compreensível para todos, com profundo conteúdo técnico, fruto de pesquisa farta e séria.

Desde meados do século passado, o Brasil e a América Latina atravessam sucessivas políticas equivocadas na gestão dos transportes, gerando enormes deficiências na qualidade de vida das pessoas, na movimentação de cargas e consequentes prejuízos na distribuição das riquezas produzidas no país, fruto geral do abandono da matriz de transportes ferroviários. Este quadro se configura notadamente no Brasil, onde a matriz essencialmente rodoviária nos ranqueia como um dos países que mais produzem emissões nocivas à saúde das pessoas, da flora e da fauna.

Um dos atributos deste livro é demonstrar como a utilização adequada dos meios de transportes será um dos vetores fundamentais para que o Brasil atinja a tão sonhada sustentabilidade. Sim, nós podemos, como disse o amigo americano. Amigo? José Manoel é um pesquisador dedicado, um militante ferroviário obstinado em sua utopia consequente. Fruto de sua pesquisa e da interação com profissionais do setor metro-ferroviário, ele fundou a FerroFrente, importante organização sem fins lucrativos que tem buscado, em conjunto com outros pregadores da causa, convencer as autoridades governamentais e a sociedade organizada a estabelecer programas concretos de desenvolvimento do setor ferroviário Brasileiro. É também fundador da ONG SOSPlaneta, dedicada principalmente às questões relativas a evitar o aquecimento global, o qual o ferroviarismo muito tem a contribuir.

Temos a certeza que José Manoel, por meio das suas pesquisas e interação contínua com os *stakeholders* das áreas de transportes e ambiental, ainda vai nos brindar com novos artigos e livros que nos enriquecerão sobre o assunto e, quiçá, nos tornarão mais um dos defensores da causa ferrovia & sustentabilidade.

Jean Carlos Pejo é da ALAF Brasil (associação Latino Americana de Ferrovias), ex-diretor FEPASA,MBA Logística FGV e engenheiro mecânico

Prefácio

UM PROJETO DE NAÇÃO

Um projeto de país deve ser, também, um projeto de apropriação do território. E é necessário lembrar que território é área – inscrita nos limites nacionais –, mas também rede. Ou seja, além de considerar a extensão territorial de uma nação, é necessário observar a rede de conexões e circulação que articula essa extensão territorial.

Por isso, gostaria de antecipar a você que vai ler *Ferrovias*: este não é um livro apenas sobre ferrovias. Aqui, José Manoel nos oferece sua visão de Brasil, ou seja, trata-se de um livro sobre um projeto de nação. Para que o Brasil caminhe sobre os trilhos, ainda precisamos de um grande projeto de integração nacional que permita a realização e a circulação das riquezas produzidas pelo trabalho, em cada canto deste país.

Isso exige uma visão qualificada de redes de integração que não sejam restritas à malha rodoviária – essencial para a mobilidade por meio de carros e caminhões – ou à rede de linhas aéreas –, ainda concentrada nas regiões sul e sudeste. É urgente reativar, qualificar e ampliar a rede ferroviária brasileira.

Desde cedo, o Brasil compreendeu que não bastava apenas delinear os limites externos do território nacional. Para conquistar os espaços, era essencial percorrer territórios, ingressar sobre áreas ainda não desbravadas e constituir redes que mantivessem ativa a conexão entre o centro e o sertão. Foi assim que se avançou para muito além dos limites do Tratado de Tordesilhas, que fundou a primeira extensão territorial da colônia portuguesa em terras brasileiras.

O autor nos mostra que, no passado, os trilhos foram essenciais para a formação do território e o desenvolvimento econômico dos sertões, cuja extensão territorial não poderia ser articulada de forma dinâmica pelos tropeiros e suas mulas. Foi necessário investir em ferrovias e redes de logística para o transporte de mercadorias.

No entanto, as redes – vocação constitutiva do grande território brasileiro – parecem estar condenadas ao sucateamento pelos sucessivos governos que se esquecem do dever de manter em curso um projeto de nação.

Com esta preocupação, José Manoel nos oferece suas reflexões sobre o processo de concessões e privatizações do patrimônio ferroviário brasileiro. O assunto exige o olhar de todos os que pensam sobre o futuro das redes de logística. De um lado, defende-se que as concessões podem tornar a rede ferroviária mais dinâmica, sob os valores do empreendedorismo. Por outro lado, interesses privados podem olvidar-se dos compromissos com a sociedade e com a nação. O processo contínuo de sucateamento e paralisação de investimentos nas redes ferroviárias, mesmo após a privatização de vários trechos, nos mostra que ainda é preciso aperfeiçoar os mecanismos. É urgente que as ferrovias sejam vistas como elementos estruturantes da soberania nacional. José Manoel anuncia também os valores ecológicos das ferrovias. Cada vez mais reconhecido pelas suas virtudes na área da sustentabilidade, o modal ferroviário vem sendo recuperado e fortalecido em diversas partes do mundo. Neste livro somos convidados a aderirmos à causa em nome do futuro de nossos recursos naturais.

Com esse espírito, o autor nos oferece um legítimo manifesto em defesa da nação. Com sua visão estadista, ele nos convida a olhar para a ecologia da integração nacional. Seus textos combinam sofisticado conhecimento técnico e experimentada visão prática e social. Assim, as suas contribuições não são apenas teóricas. O autor deste livro é, antes de tudo, um ativista da causa ferroviária. Com grande generosidade, ele ensina sobre assuntos até então reservados às disciplinas avançadas da engenharia dos transportes e faz o convite para unir forças em nome dos trilhos que queremos.

Tive a alegria de conhecer este livro antes de ser publicado, e, com muita honra, recebi o convite do amigo para escrever este prefácio. Como testemunho de minha experiência de leitura, digo a vocês que fui instigado a seguir o exemplo generoso e ativista.

Bruno Meirinho é Advogado

Nota do Autor

Vivemos um momento ímpar em importância e tristeza para a vida do país. Mergulhados que estamos em crise institucional e paralisados no que tange à reestruturação e investimentos, precisamos lutar e sair maiores disso tudo, dependendo de como compreendermos as causas e analisarmos as consequências do estado atual de coisas. A depender do modo como enfrentaremos essa triste realidade, poderemos encontrar caminhos, rumos e direções para recolocar o país de volta no caminho de seu destino, o de ser uma grande nação. Eis que o destino nos coloca frente a frente com o desafio de expressar de forma clara, direta e objetiva o que pensamos, porque a hora não admite a acovardamento do silêncio, nem a pusilanimidade do medo ou a acomodação na perplexidade.

Importa que esse momento nos amadureça, nos deixe mais alertas e menos pueris ao cremos de antemão nas pessoas e instituições. Por outro lado, podemos nos valer da crise para crescermos, nos mais diversos sentidos. Precisamos notar nosso repúdio à corrupção, aos golpistas, oportunistas, enganadores, defender seus julgamentos e condenações nos devidos termos da lei, sem que qualquer desvio por meio de ação política. As necessárias e urgentes punições devem ser justas, firmes, com o devido processo e garantias constitucionais, inclusive e principalmente, da ampla defesa e do contraditório.

Não podemos nos deixar sucumbir às tentações de "resolvermos" esse mar de lama em que fomos misturados e mergulhados, com soluções mágicas, sem dor e sacrifício, sob pena de não podermos sair de cabeça erguida.

Momentos como esse podem transformar vergonha em coragem, uma tal coragem da qual temos carecido para defender abertamente uma reforma política ampla, que alcance as principais causas dos problemas mais agudos que vivemos no momento.

Nosso presidencialismo é de coalisão (o que significa e sempre significará compra de bancadas, como tem ficado reiteradamente provado), um modelo caótico e falido que precise ser freado. Chegou a hora de mudar esse jeito ultrapassado de construirmos as maiorias proporcionais parlamentares, teoricamente para sustentação dos governos majoritários eleitos democraticamente.

Precisamos viabilizar e garantir que o país possa seguir sem essas brutais perturbações, com as naturais atribulações e angústias, mas com instituições funcionando de forma harmônica, respeitosa e independente, como previsto no nosso ordenamento legal maior, a Constituição Federal, promulgada com festa cívica nacional em 5 de outubro de 1988. Não nos deixemos confundir pelo momento, nem pelas pessoas que ora estão onde não deviam. Defendamos o fortalecimento do poder legislativo, por si o mais democrático, porque colegiado.

Precisamos construir uma reforma política que impeça as estruturas de funcionamento e organização do Estado em relações espúrias, financiadoras de campanhas milionárias, absurdas e nocivas. Aliás, é fundamental que sejam extintos os financiamentos privados de empresas para campanhas eleitorais. Precisamos de uma reforma política que inclua cláusulas de desempenho para os partidos políticos, para induzir o fortalecimento das legendas que, por sua vez, não sejam de aluguel, com o fim único de engrossar o tempo de propaganda dos grandes partidos.

Uma reforma política que institua a fiscalização dos fundos partidários, para o fortalecimento da própria democracia por meio da educação política de filiados, militantes, dirigentes e colaboradores. Uma reforma política que preveja o fim das coligações proporcionais, que deformam o resultado real da vontade do eleitor, a obrigatoriedade do voto e o voto distrital misto porque é preciso garantir maior proximidade entre os mandantes, que somos todos nós, eleitores, e os mandatários, os eleitos, durante o exercício do mandato. Contudo, é necessário que se garanta perfis de políticos menos paroquianos, com visão mais ampla de país, algo que o voto distrital puro não pode garantir.

Parlamentarismo já!

Defendo o parlamentarismo como melhor meio de recolocar o país nos trilhos, destravando projetos, investimentos, iniciativas, recuperando credibilidade e dando vitalidade. Mas, para isso, as maiorias nos legislativos devem ser construídas durante o processo eleitoral e não depois de fechadas as urnas. A expressão da vontade da maioria dos eleitores merece respeito, transparência e responsabilidade na hora de governar.

No parlamentarismo, o chefe de governo não seria vassalo desse jogo podre (do qual tem sido coadjuvante) imposto pelo Legislativo que vê no Executivo um rival, mas sim protagonista, pois carne da mesma carne. Um legislador chefia com o gabinete à prova de ingovernabilidade, a partir do voto de confiança. Muito ao contrário do que se vê hoje, com partidos ocupando ministérios, como se fossem fazendas vendidas e entregues na modalidade "porteira fechada". O parlamentarismo será a melhor forma de fortalecer partidos que se mostrarem autênticos e comprometidos com as pessoas e o bem comum, assim como tem o condão de catalputar políticos que mereçam esse adjetivo, tal qual no tempo em que foi cunhado o termo. O parlamentarismo é a ágora hodierna. E, sem qualquer proselitismo, posso afirmar que mesmo no Congresso Nacional atual há representantes assim. Não 503, não 300, mas 50. Cinquenta políticos que poderão nos retirar da odiosa cinza.

Das Estruturas e Promessas

Em 15 de agosto de 2012 o Governo Federal lançou o Programa de Investimentos em Logística – PIL, com o objetivo de ampliar a escala dos investimentos públicos e privados em infraestrutura rodoviária, ferroviária, hidroviária, portuária e aeroportuária.

Em linhas gerais, o Programa estabelecia diretrizes e visava restabelecer o planejamento integrado dos transportes e, de acordo com o governo federal, que, na ocasião, desejava implantar uma rede de infraestrutura de transporte moderna e eficiente, capaz de prover de maior competitividade o país, bem como fomentar o desenvolvimento econômico e social.

Essencialmente o Programa buscava:

- expandir a capacidade de transporte da malha ferroviária nacional;
- resgatar a ferrovia como alternativa logística;
- reduzir fretes.

Para tanto buscava desenvolver um modelo de exploração capaz de propiciar amplo acesso à malha ferroviária, de forma que diversos setores da economia pudessem usufruir da infraestrutura ferroviária.

De acordo com a ANTT (Agência nacional de Transportes Terrestres), no cumprimento de seu papel institucional, nos termos da Lei nº 10.233, de 5 de junho de 2001, propunha-se um modelo de outorga de forma a afastar o risco de demanda do concessionário, numa clara tentativa de ampliar a participação de capital privado em projetos de infraestrutura ferroviária. Em contrapartida, o modelo proposto eliminava o risco de engenharia do Governo ao delegar a construção de ferrovias ao setor privado.

Segundo o Governo Federal, o modelo proposto seria inovador, separando as atividades de exploração de infraestrutura ferroviária e operação dos trens e suas implicações, cujo mapeamento das alterações seria objeto de profundo estudo regulatório, quando da apresentação do plano de outorgas às instâncias competentes do Executivo e aos órgãos de controle externo.

Uma Minuta de Edital foi apresentada, elaborada em consonância com a legislação vigente, mais especialmente a Lei de Concessões (Lei 8.987, de 13 de fevereiro de 1995). Ela buscou agregar ações, visando prover competitividade e transparência ao processo de seleção da melhor proposta para a exploração da infraestrutura ferroviária, a partir da experiência adquirida em outros processos de outorga. Também uma Minuta de Contrato, almejando investimentos vultosos a serem realizados pelo empreendedor, foi desenvolvida de forma a garantir o retorno adequado do capital empregado, bem como assegurar o equilíbrio econômico-financeiro durante todo o período da concessão. Os direitos e obrigações constantes na minuta de contrato foram estabelecidos com o objetivo de garantir a construção de infraestrutura ferroviária adequada às necessidades do País. Os estudos técnicos de engenharia, demanda e viabilidade foram divulgados como vetores de orientação para os interessados em participar desta licitação internacional. Foram elaborados com a colaboração do corpo técnico do

Ministério dos Transportes, especialmente da Secretaria de

Fomento para Ações de Transportes – SFAT; da Empresa de Planejamento e Logística S.A. – EPL; e da Valec Engenharia, Construções e Ferrovias S.A.

Foi ainda publicado Procedimento de Manifestação de Interesse (PMI), o mecanismo previsto no Decreto nº 5.977, de 1º de dezembro de 2006, no qual o Poder Público concedente pode solicitar à iniciativa privada dos projetos, estudos, levantamentos ou investigações, a serem utilizados nas modelagens idealizadas pela Administração Pública Federal.

E foram também realizadas Audiências Públicas com vistas a propiciar o envolvimento efetivo da sociedade civil na construção do novo modelo regulatório para as concessões ferroviárias. Recentemente, contudo, depois de tantas e tais providências, o Governo Federal desistiu do modelo que defendia e procurava efetivar e anunciou profundas mudanças no modelo de outorga.

A Valec não é operadora ferroviária, além do que, falta instalar as devidas sinalizações e construir os pátios para manobras. A Empresa compraria a capacidade de carga da ferrovia e venderia aos operadores independentes com fretes menores e também com redução dos custos do transporte, com a eliminação de privilégios e monopólios. Mas, com as mudanças, a outorga seria feita pelo maior preço e, mantido o controle dos trilhos, pelo vencedor da outorga. O projeto da Ferrovia Norte-Sul prevê 4.787 km de trilhos (apenas de "espinha dorsal" excluindo-se ramais e interligações com outras ferrovias), ligando os estados do Pará ao Rio Grande do Sul. Atualmente, apenas o trecho ligando Açailândia, no Maranhão, a Palmas está operando. Em Goiás, um novo trecho de 682 quilômetros deve vir a ligar Ouro Verde de Goiás a Estrela D'Oeste, em São Paulo. A previsão da Valec era de que todo o percurso fosse finalizado em 2015.

Devido à demora da obra, muito se perdeu e ainda mais se perderá. A Valec não sabe precisar quanto já foi gasto. Estima-se que foram cerca de US$ 8 bilhões. Vale salientar que, de acordo com o TCU, há inúmeras denúncias de irregularidades que marcam essa construção.

Com o uso da ferrovia, empresários de Anápolis esperavam reduzir o valor pago no frete em até 30%. A expectativa das indústrias era de que o transporte ferroviário reduziria os seus custos de produção em até 40% em alguns trechos. Não destaco essa situação pensando no caixa da empresa ou no bolso do empresário, mas no poder de aumento de equanimidade entre as regiões produtoras, algo, aliás, típico dos trens. O transporte sobre trilhos também tende a elevar o número de regiões produtoras, aumentando, assim, a competitividade e baixando o custo dos produtos, algo de interesse da nação, especialmente da sua parcela mais desvalida de recursos.

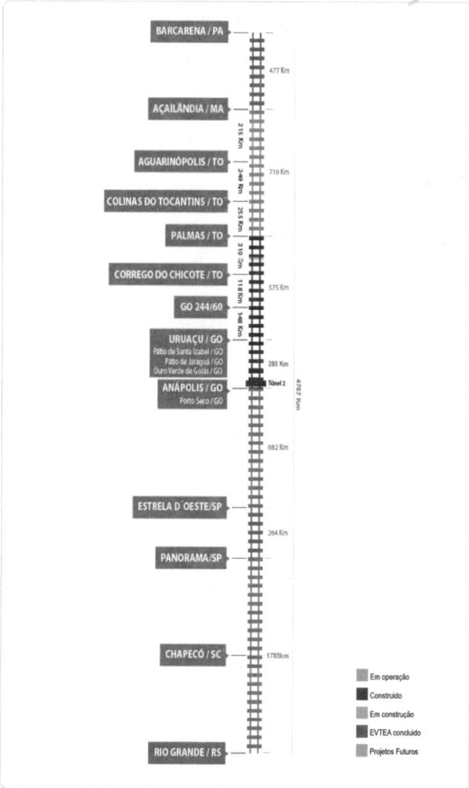

Fonte: <http://www.valec.gov.br/acoes_programas/FNSFerroviaNorteSul.php>

E mais. A conclusão do trecho da Ferrovia Norte-Sul entre Palmas (TO) e Anápolis (GO), a 55 km de Goiânia, por exemplo, motivou as indústrias do Distrito Agroindustrial de Anápolis a investirem em tecnologia para dar início às operações no transporte ferroviário. Os empresários também esperavam ampliar os negócios, com o escoamento de produtos goianos para as regiões Norte e Nordeste do Brasil. Para isso, fizeram investimentos em equipamentos, contêineres, plataformas, dentre outros. Entretanto, o panorama não se concretizou, gerando frustração e prejuízos.

Há inúmeros danos decorrentes das interrupções das obras em andamento, da falta de projetos, da ausência de concessão para a operação do trechos entregues, como o de Palmas a Anápolis da Ferrovia Norte-Sul, inoperante, com os trilhos abandonados e desperdiçados.

Esse estado de coisas constitui-se em lesão e/ou ameaça de lesão ao patrimônio e interesse públicos. Contra isso, temos de nos levantar, ao que conclamo aqui toda a sociedade.

Apêndice à nota do autor

A EF-151– Ferrovia Norte-Sul (FNS) – foi projetada para promover a integração nacional, minimizar custos de transporte e interligar as regiões brasileiras, por meio das suas conexões com ferrovias novas e já existentes. É composta pelos seguintes trechos:

a. Barcarena/PA – Açailândia/MA (477 Km), finalizada em 2012, custou 3,7 bilhões;

b. Açailândia/MA – Palmas/TO (719 Km), finalizada em 2010, custou 1,65 bilhões;

c. Palmas/TO – Uruaçu/GO – Anápolis/GO (855 Km), finalizada em 2014, custou 4,28 bilhões;

d. Ouro Verde/GO – Estrela d'Oeste/SP (682 Km), 80,5 % das obras realizadas, investimento previsto de 3,38 bilhões;

e. Estrela d'Oeste/SP – Panorama/SP (264 Km) finalizada em 2012, custou 89 bilhões;

f. Panorama/SP – Chapecó/SC (897 Km), em fase final de estudo, orçado em 9,8 bilhões programados para o trecho Panorama/SP–Rio Grande/RS;

g. Chapecó/SC – Rio Grande/RS (834 Km), em fase

final de estudo, ao custo de 9,8 bilhões programados para o trecho Panorama/SP–Rio Grande/RS;

h. Demais ramais. Quirinópolis/GO a Itumbiara/GO, com 203,3 km de extensão, e o de Goiânia/GO–Anápolis/GO–Brasília/DF com 211,5 km de extensão. Os estudos foram concluídos em 2012 e o custo deverá ser de 4,4 bilhões de reais.

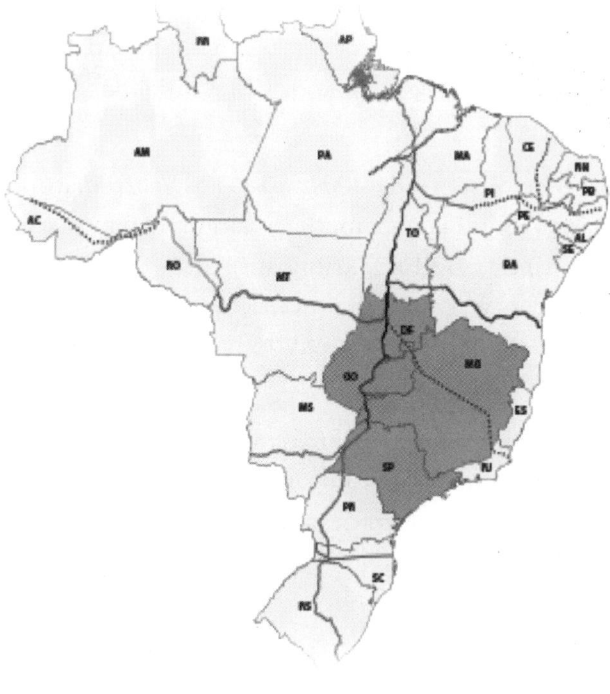

Histórico da FNS

1. A construção da FNS foi iniciada por trechos, na década de 1980, a partir de sua ligação com a Estrada de Ferro Carajás-EFC. O traçado inicial previa a construção de 1.550 km, de Açailândia/MA a Anápolis/GO, de modo a cortar os Estados do Maranhão, Tocantins e Goiás.

2. Com a Lei nº 11.772, de 17 de setembro de 2008, foram incorporados a esse traçado os trechos de Barcarena/PA a Açailândia/MA e de Ouro Verde/GO a Panorama/SP.

3. Em 27 de junho de 2006, a VALEC já havia iniciado o processo de licitação para contratar a subconcessão do subtrecho da Ferrovia Norte–Sul de Açailândia/MA a Palmas/ TO, com extensão de 719 km.

4. Em 3 de outubro de 2007, a Vale S.A. arrematou, com lance de R$ 1,478 bilhão, a subconcessão para exploração comercial por um período de trinta anos. Em face da exigência do Edital de licitação para subconcessão, foi criada a empresa Ferrovia Norte–Sul S.A., que efetivou o contrato em 20 de dezembro de 2007.

5. Hoje, essa subconcessionária seria a responsável pela conservação, manutenção, monitoração, operação, melhoramentos e adequação desse trecho ferroviário.

6. Em 2012, a VALEC concluiu o Estudo de Viabilidade

Técnica, Econômica e Ambiental-EVTEA dos trechos Barcarena/PA a Açailândia/MA e de Estrela d'Oeste/SP a Panorama/SP.

7. Também contratou o EVTEA dos segmentos Panorama/SP a Chapecó/SC e Chapecó/SC a Rio Grande/RS. Com isso, será concluída a ligação ferroviária Barcarena/PA a Rio Grande/RS com 4.787 km de extensão, em bitola larga, espinha dorsal dos transportes ferroviários.

Embargo

8. Em agosto de 2012, parte da construção da Ferrovia Norte-Sul foi embargada em Rio Verde, no sudoeste de Goiás, por determinação do Instituto Brasileiro de Meio Ambiente e Recursos Naturais Renováveis (Ibama). De acordo com o Ibama, o traçado original da ferrovia foi alterado sem licença ambiental para fazer a mudança. O trecho interditado tem quase cinco quilômetros. Além da paralisação das obras, o órgão ambiental aplicou uma multa de R$ 7 milhões a Valec, estatal responsável pela obra, e às empresas que fazem parte do consórcio.

9. Na ocasião, a Valec informou, através de nota oficial, que comunicou o Ibama sobre as mudanças no projeto, mas por causa da demora na resposta, a construtora decidiu dar início às obras no trecho.

10. O principal motivo da alteração do percurso é o de reduzir o tamanho de uma ponte sobre o Rio Preto.

11. Quando a ferrovia estiver pronta, deve passar por 22 municípios goianos, oito deles só no Sudoeste do estado. As obras na região começaram no fim de 2010 e a previsão era que terminassem em 2014.

12. Em julho de 2012, o ex-presidente da Valec, Juquinha das Neves, foi preso na Operação Trem Pagador da Polícia Federal, sob suspeita de superfaturamento e desvio de verbas. Um novo presidente assumiu a Valec e pediu mais R$ 400 milhões ao Governo Federal.

Prejuízos

12. De acordo com especialistas, com as obras da Ferrovia Norte-Sul paradas, o prejuízo com cargas não transportadas, perdas e impostos não arrecadados pode chegar a US$ 12 bilhões por ano, e segundo informações da própria empresa responsável pelas obras, a Valec já gastou US$ 8 bilhões na construção.

Palmas-Anápolis pronta, mas não funciona

13. Até setembro de 2012, pouco mais de 1.500 km haviam sido construídos. Entre Palmas, no Tocantins, e Anápolis, em Goiás, 95% da obra estava praticamente prontos, mas a ligação não foi completada porque oito pátios projetados para manobras ou carga/descarga ainda não haviam saído do papel.

14. De acordo com Edson Tavares, presidente do Porto

Seco de Anápolis, mais de 1,8 milhões de toneladas de cargas esperavam para serem transportadas em ferrovia, mas só embarcaram entre 250 mil e 300 mil toneladas.

15. Além disso, para a construção da ferrovia, foram feitos desvios na GO-244, que eram para ser provisórios, mas já duram seis anos. Na época, o asfalto foi cortado por causa das obras da ferrovia para dar passagem aos caminhões e maquinários. Aos motoristas da região, transtornos. Em Porangatu, Norte de Goiás, os maiores prejudicados foram os produtores rurais.

16. Cargas e mercadorias deixaram de ser transportadas, por isso houve perda de impostos não arrecadados e também prejuízo aos produtores rurais, especialmente em Mutunópolis.

17. A indignação tomou conta também dos motoristas que passavam pela GO-237, rodovia que liga Uruaçu aos municípios de Niquelândia e Colinas do Sul, e ainda dá acesso ao Lago Serra da Mesa.

18. Em Anápolis, a situação que ameaça os moradores do Bairro Novo Paraíso é a falta de segurança. A cerca que protegia a obra caiu, e desocupados circulam pelo local. De acordo com os moradores, a quantidade de sujeira acumulada na região é enorme.

19. Tanto lixo acumulado chegou a entupir as canaletas que passam ao redor do túnel e em dias de chuva o lixo se acumula formando poças de água acumulada, ideal para a reprodução do mosquito da dengue.

20. Porém, para a Valec, os problemas seriam resolvidos com a execução das obras complementares, assim como das obras referentes à construção e estruturação dos Pátios Multimodais em Porangatu, Uruaçu, Santa Isabel, Jaraguá e Anápolis.

21. Segundo a empresa, as obras dos pátios deveriam ser concluídas até setembro de 2013, mas de acordo com a EMATER de Goiás, as obras no trecho entre Palmas e Anápolis, com 855 km de extensão, deveriam estar concluídas em setembro de 2014, quando os comboios ferroviários entrariam em operação.

22. Em Anápolis, importante polo industrial do CentroOeste, seria construída uma superestrutura moderna do pátio multimodal, onde seriam interligadas a ferrovia e as rodovias.

23. O andamento das obras, no entanto, conforme a Valec, sofreu interrupção em alguns pequenos trechos em decorrência de ações de proprietários de terras reclamando indenizações na Justiça.

24. Em Goiás, um outro trecho da Norte-Sul estaria hoje com 30% das obras prontas, correspondente ao trajeto que envolve os municípios de Ouro Verde, Santa Helena, Quirinópolis e São Simão. Esperava-se a conclusão do trecho em setembro de 2014.

Perde Goiás, perde Tocantins

26. Em operação, a ferrovia seria a indutora do crescimento socioeconômico e autossustentável no Centro-Oeste, especialmente em Goiás e Tocantins.

27. Começaram a ser implantado, em Goiás e Tocantins, 42 plantas industriais de etanol e vinte usinas de biodiesel para consolidar o desenvolvimento do corredor Centro-Oeste, impulsionar a produção na área do cerrado e promover cerca de

270 mil empregos diretos e indiretos nas comunidades do interior do país.

28. Além disso, treze pátios multimodais, construídos em pontos estratégicos ao longo do percurso da Norte-Sul, proporcionariam a articulação entre o sistema fluvial da Bacia Amazônica e o sistema ferroviário nacional, reduzindo o custo dos transportes, o consumo de combustíveis, os pesados ônus de manutenção do modal rodoviário e os índices de acidentes nas estradas.

29. Em suma, a ferrovia em funcionamento dinamizaria as atividades agrícolas e minerais da região, promovendo o surgimento de novas indústrias, o crescimento do comércio e a criação de milhares de empregos.

Municípios cortados pelo trecho da FNS

30. A Ferrovia Norte-Sul contemplaria em Tocantins as cidades de Paraíso, Porto Nacional, Fátima, Brejinho de Nazaré, Santa Rita do Tocantins, Crixás, Aliança do Tocantins, Poeiras, Gurupi, Cariri do Tocantins, Peixe, Figueirópolis, Alvorada e Talismã.

31. Em Goiás, os municípios de Porangatu, Formoso, Santa

32. Tereza, Estrela do Norte, Mara Rosa, Alto Horizonte, Campinorte, Uruaçu, São Luiz do Norte, Santa Isabel, Castrinópolis, Rialma, Ceres, Rianápolis, Jaraguá, Jesúpolis, São Francisco do Goiás, Petrolina de Goiás, Ouro Verde, Rodrigues Nascimento, Nerópolis, Campo Limpo e Anápolis. 32. Em maio de 2014, o trecho goiano da Ferrovia NorteSul foi inaugurado em Anápolis, após cerca de 25 anos de espera. O trecho com 855 km, liga Palmas (TO) a Anápolis, a 55 km de Goiânia.

33. A presidente chegou ao Porto Seco de Anápolis e, inclusive, subiu na locomotive. Quebrando o protocol, ela resolveu visitar o Túnel 1, sob a BR-060, a cerca de três km do pátio de manobras. Em seguida, retornou na locomotiva até o palco onde ocorria a cerimônia.

34. Mas, apesar da inauguração, a previsão é de que o trecho só começasse a funcionar em caráter experimental. A operação efetiva deveria começar a partir do segundo semestre de 2014, pois a empresa responsável por operar a linha ainda não foi definida.

35. A Valec também precisaria resolver algumas pendências antes de entregar o trecho. Entre elas, adequações exigidas pelo Instituto Brasileiro do Meio Ambiente e dos Recursos Naturais Renováveis (Ibama).

36. Na cerimônia, o prefeito de Anápolis, João Gomes (PT), destacou a importância da ferrovia para o desenvolvimento econômico da região. "Essa é a abertura de um novo ciclo para o futuro. O Brasil, Goiás e Anápolis serão analisados com o antes e depois dessa ferrovia", afirmou.

37. O projeto da Ferrovia Norte-Sul prevê 4.576 km de trilhos, cortando nove estados, do Maranhão a São Paulo. Atualmente, apenas o trecho ligando Açailândia, no Maranhão, a Palmas, no Tocantins, está operando. Em Goiás, um novo trecho de 682 km deve ligar Ouro Verde de Goiás a Estrela D'Oeste, em São Paulo. A previsão da Valec é de que todo o percurso estivesse finalizado em 2015.

38. Devido à demora da obra, a Valec não sabia precisar os gastos dinheiro, estimado em US$ 8 bilhões. Muitas denúncias de irregularidades marcam a construção.

39. Com o uso da ferrovia, empresários de Anápolis esperavam reduzir o valor pago no frete em até 30%. 40.

40. A conclusão do trecho da Ferrovia Norte-Sul entre Palmas e Anápolis, a 55 km de Goiânia, motivou as indústrias do Distrito Agroindutrial de Anápolis a investirem em tecnologia para dar início às operações no transporte ferroviário. A expectativa das indústrias é de que o transporte ferroviário reduziria os custos de produção em até 40% em alguns trechos.

41. Os empresários também esperavam ampliar os negócios, com o escoamento de produtos goianos para as regiões Norte e Nordeste do Brasil, com investimentos em diversos maquinários.

42. Em uma indústria de soja que produz óleo, por exemplo, a adaptação ocorre desde 2011. Na primeira etapa do investimento, foram gastos R$ 30 milhões para a construção de um armazém.

43. Nessa segunda etapa, onde os equipamentos estão sendo instalados para se efetivar o carregamento de farelo, foram gastos R$ 18 milhões. E numa terceira etapa dos investimentos, para o recebimento de soja em grão advindo do Norte goiano e também de outras unidades federadas por onde passa a ferrovia, também estava previsto o transporte de biodiesel pelos vagões-tanque.

44. No Porto Seco de Anápolis também foram investidos cerca de R$ 10 milhões na importação de equipamentos, pranchas e uma locomotive. O volume de investimentos é resultante da expectativa dos empresários para o início das operações, principalmente dos setores de construção civil e eletroeletrônicos.

45. O projeto da Ferrovia Norte-Sul prevê 4.576 km de trilhos, cortando nove estados, do Maranhão a São Paulo. Atualmente, apenas o trecho ligando Açailândia, no Maranhão, a Palmas opera.

46. Em Goiás, um novo trecho de 682 km deve ligar a Ouro Verde de Goiás a Estrela D'Oeste, em São Paulo. A previsão da Valec Engenharia Construções e Ferrovias, responsável pela obra, era de finalização do percurso em 2015.

Prejuízo

47. O prejuízo com cargas não transportadas, perdas e impostos não arrecadados pode chegar a US$ 12 bilhões por ano, segundo a própria Valec.

Engodo Federal

48. Em março de 2015, foi publicado no portal do Governo Federal que o trecho entre Anápolis e Palmas da Ferrovia Norte-Sul (FNS), entrava em operação comercial e que, após a fase de testes de operação, duas locomotivas sairiam do Pátio de Anápolis com destino à Imperatriz (MA).

49. O trecho começaria a ser utilizado pela iniciativa privada já no novo modelo de venda de capacidade, marcando o início do livre acesso à infraestrutura ferroviária (*open access*). 50.

50. O percurso Anápolis-Palmas, com 855 km, seria o primeiro do País a operar sob as novas regras que promoveriam a quebra do monopólio das atuais concessionárias e permitiriam que todas as empresas que cumpram requisitos técnicos e operacionais, estabelecidos em Lei, tivessem acesso à infraestrutura ferroviária em condições objetivas, transparentes e não discriminatórias.

51. No modelo anterior, as cargas transportadas nas ferrovias eram comercializadas pelas próprias concessionárias, que estabeleciam seus preços.

52. Nesta primeira fase de operação, a velocidade máxima permitida seria de 40 km/h, com todo o trajeto acompanhado pelo Centro de Controle Operacional (CCO) da Valec e da FNS S.A.

53. A Valec recebeu até mesmo a última autorização necessária da Agência Nacional de Transportes Terrestres (ANTT) para a operação comercial entre Palmas e Anápolis.

54. Com isso, todo o trecho passaria a estar apto e seguro para a operação das composições ferroviárias.

55. A Valec esperava realizar, no Pátio de Anápolis, o primeiro carregamento de farelo de soja. A carga seguiria com destino ao Porto de Itaqui (MA), interligando os modais. Para tanto, seria necessário que a empresa proprietária da carga concluísse a construção da tulha (armazém) de embarque, sob sua responsabilidade.

56. Entretanto, em abril deste ano de 2015, uma informação antecipada pelo jornal O Estado de S. Paulo dava conta que o modelo de outorga voltará a ser adotado nas concessões de ferrovias visando socorrer o caixa federal. Entre outras coisas, isso causou enorme desconforto no grupo que acompanhava o ministro da Fazenda, Joaquim Levy, em reuniões em Washington. A notícia prejudicou consideravelmente o resultado dos encontro do governo brasileiro com investidores estrangeiros.

57. Os empresários vinham conversando com investidores no intuito de criar ambiente para despertar a confiança do setor privado. A expectativa é de que as concessões fossem

apresentadas como um programa estruturante e de longo prazo,sem relação com o ajuste fiscal em curso.

58. O Ministro Levy tinha, como objetivo das concessões em infraestrutura, a retomada do crescimento e o aumento da competitividade. No entanto, outros segmentos do Governo Federal defendiam a medida como uma forma de abrir uma nova fonte de recursos que garanta a meta de superávit primário para o ano em curso.

59. Estaria em estudo a possibilidade de bancar, com recursos públicos, parte dos investimentos necessários para viabilizar algumas concessões ferroviárias. Seria uma Parceria Público Privada (PPP).

60. Mas num clima de enorme insegurança jurídica, outras possibilidades estão na pauta: o modelo lançado pela presidente Dilma Rousseff em 2012 (menor tarifa) e a cobrança de outorga.

61. O plano seria manter aberta a possibilidade de atuar com as diversas formas, que serão acionadas conforme o perfil do empreendimento, segundo o governo. No entanto, uma coisa é certa: é muito difícil para o Tesouro bancar o modelo de PPP neste momento de ajuste fiscal.

62. Os empreendedores consideram muito arriscado investor na construção de novas linhas, principalmente aquelas que cortam áreas de floresta. Há os que defendem a construção dessas ferrovias como obras públicas, e só depois concedidas – como parece ser o destino da Norte-Sul.

63. Nessas PPPs, o governo se ofereceria para complementar o investimento, o que torna a medida difícil de ser aplicada no curto prazo. Venceria o candidato que pedisse a menor cobertura.

64. Logo depois, em maio de 2015, veio a confirmação do que antecipara o Estado de São Paulo: o Governo anunciou o

plano de voltar ao modelo antigo de concessão de ferrovia e abandonar de vez a proposta de abrir o setor para competição. A decisão afasta a Valec das obras que a estatal executa hoje na Ferrovia Norte-Sul.

65. A proposta foi tema, inclusive, de reunião realizada entre os principais agentes que atuam no setor ferroviário e o ministro da Casa Civil, Aloizio Mercadante. No encontro, o ministro confirmou a proposta do governo a representantes dessas empresas, entre elas MRS Logística, Cosan e VLI, companhia de transporte controlada pela Vale.

66. O plano do governo é fazer um leilão para repassar à iniciativa privada um total de 1.560 km da Ferrovia Norte-Sul. O trecho, que tem início em Porto Nacional, em Tocantins, corta todo o Estado de Goiás, até chegar ao interior paulista, na cidade de Estrela d'Oeste. A exemplo das concessões de aeroportos, o governo pretende fazer um leilão de outorga, ou seja, vence a empresa que fizer a maior proposta de pagamento para operar a ferrovia durante um determinado período. O prazo de concessão mais cotado seria de 30 anos.

67. O Governo Federal enxerga na outorga da ferrovia não apenas uma forma de fazer caixa, mas também um caminho para se livrar de novos aportes na conclusão da Norte-Sul.

68. O concessionário que assumir a ferrovia também ficaria responsável por concluir as obras da extensão de 669 km da malha, entre Ouro Verde de Goiás (GO) e Estrela d'Oeste.

69. Atualmente, esse trecho tem obras espalhadas em toda a sua extensão, execução de contratos firmados com a Valec. A estatal já executou 85% do traçado, ao custo de aproximadamente R$ 4,5 bilhões. As avaliações apontam que, para concluir as obras, são necessários mais R$ 700 milhões,

aproximadamente. No cronograma da Valec, esse trecho final seria entregue até julho do ano que vem.

70. Da falta de seriedade (e de orientação política) do Governo Federal: em 7 de setembro de 2012, logo após lançar o programa de concessões, Dilma usou o Dia da Independência para declarar que o monopólio das ferrovias estava prestes a acabar.

71. Discurso da presidenta em rede nacional: "Ao contrário do antigo e questionável modelo de privatização de ferrovias, que torrou patrimônio público para pagar dívida, e ainda terminou por gerar monopólios, privilégios, frete elevado e baixa eficiência, o nosso sistema de concessão vai reforçar o poder regulador do Estado para garantir qualidade, acabar com os monopólios, e assegurar o mais baixo custo de frete possível".

72. Em junho de ano de 2015, o mesmo Governo Federal anunciou a entrega dos trechos goianos da Ferrovia NorteSul à iniciativa privada. De acordo com o ministro do Planejamento, Orçamento e Gestão, Nelson Barbosa, tanto o trecho que liga Anápolis a Palmas (TO), quanto o que liga Anápolis a Estrela d'Oeste (SP), farão parte do Programa de Investimento em Logística.

73. O plano de concessões de estradas, portos e aeroportos brasileiros ao setor privado prevê a aplicação de um total de R$ 198,4 bilhões com o objetivo de destravar a economia nos próximos anos.

74. Do total de recursos previstos, R$ 69,2 bilhões serão investidos entre 2015 e 2018. A partir de 2019, o programa estima investimentos de R$ 129,2 bilhões.

75. Dois dos seis blocos anunciados para o setor ferroviário têm Goiás como principal beneficiado.

76. O primeiro deles refere-se ao trecho da Ferrovia NorteSul entre Anápolis e Palmas: a concessão dos 855 km prevê investimentos de R$ 7,8 bilhões. A empresa vencedora deverá construir o trecho ligando Açailândia (MA) ao porto de Barcarena (PA), garantindo o escoamento da produção do Centro-Oeste.

77. O segundo bloco trata sobre o Eixo Sul da ferrovia, que liga Anápolis a Estrela d'Oeste (SP). Embora ainda não esteja completa, a obra, segundo o Governo Federal, está 85% pronta. Sendo assim, após entregues, os 855 km serão entregues à iniciativa privada, com 4,9 bilhões de reais em investimentos estimados.

78. E enquanto isso todo acontece, a Valec aprovou uma norma que vai priorizar o pagamento de trilhos em detrimento até mesmo das obras que preparariam as vias para instalar o material.

79. A decisão vai atrasar ainda mais o cronograma de conclusão das ferrovias Norte-Sul e Oeste-Leste, já afetadas pela redução no ritmo das obras, por causa de atraso nos pagamentos do governo. Inicialmente, essas obras deveriam ter sido concluídas em 2012. O novo prazo é 2016.

80. A Lei de Licitações determina que os pagamentos feitos pelos órgãos do Governo devem seguir a ordem de chegada, mas a Valec afirma que a lei permite a priorização "em casos excepcionais".

81. A compra dos trilhos era para ter sido feita em 2012, mas atrasou porque uma das fornecedoras, a Dismaf, ficou impedida por descumprir contrato com os Correios.

82. Nova concorrência foi aberta em 2013, e a vencedora de 79% do contrato foi a RMC, pequena empresa de Minas Gerais, associada ao grupo chinês Pangnag (também ligado à Dismaf).

83. A investigação de direcionamento da concorrência atrasou para 2014 a assinatura dos contratos com os grupos RCM/Pangnag e Trop Comércio/ Comerport.

84. O material já está custando R$ 1,3 bilhão. As empresas ainda têm a receber quase R$ 900 milhões.

85. Empresas que trabalham em trechos dessas duas ferrovias começaram a reduzir o ritmo das obras no fim do ano passado, em consequência do atraso nos pagamentos governamentais.

86. Agora, sem dinheiro para tocar as obras de infraestrutura das vias, a Valec pode ficar com um grande estoque de trilhos, e sem estrutura para instalá-los, o que torna praticamente impossível a entrega dos trechos das linhas férreas em 2016.

87. O trecho da Norte-Sul entre Goiás e São Paulo faria finalmente a ferrovia justificar seu nome, unindo as vias férreas dos dois extremos do Brasil. Sem ele, perdem principalmente produtores agrícolas da região central do país. No caso da Oeste-Leste, a ferrovia escoará a produção de uma mina de ferro no interior da Bahia até o litoral.

88. Além dos atrasos nas compras dos trilhos, a Valec teve outros problemas com os materiais importados. Relatório do próprio Ministério dos Transportes, de 2013, mostrou que parte do material comprado era de baixa qualidade, comprometedor da quantidade de carga a ser transportada e da segurança da via Norte-Sul.

89. Para não chamar de moles os trilhos de aço importados da China, os técnicos afirmaram que o material tinha "baixa dureza".

90. Há mais de um ano parada, a Norte-Sul deverá ficar assim mais um ano, sem transportar nada.

91. Para analistas, o novo modelo de concessão da União pode adiar a exploração de trecho entre Palmas (TO) e Anápolis.

92. Apesar de estar pronta para o uso, é considerável o risco de o trecho de 855 km da Ferrovia Norte-Sul, entre Palmas e Anápolis, passar mais um ano completamente subutilizado, gerando ainda mais gastos com manutenção.

93. O novo drama é reflexo direto da mais recente decisão do Governo de alterar radicalmente o modelo de exploração comercial que previa para as ferrovias.

94. Foram gastos quatro anos em estudos para montar um modelo aberto e concorrencial da utilização da malha. Agora, rasga-se tudo para se voltar ao modelo anterior, já explorado pelos ex-presidentes Fernando Henrique Cardoso e Luiz Inácio Lula da Silva. Essa mudança, porém, não terá efeito imediato.

95. O Governo depende da elaboração dos estudos pelas empresas para testar a viabilidade de sua proposta de outorga para o trecho entre Palmas e Anápolis, uma concessão agora condicionada à construção, a partir do zero, de outro trecho, uma linha de cerca de 500 km que ligaria Açailândia (MA) até o porto de Barcarena (PA).

96. Feitos os estudos, o Governo terá de elaborar uma minuta da concessão, para submetê-la a audiências públicas. Após isso, a União precisa encaminhar os novos estudos para o Tribunal de Contas da União (TCU).

97. Somente após o aval do tribunal é que o Governo estaria apto a publicar o edital de concessão. Tudo isso leva tempo. Nas contas de especialistas, cerca de um ano. Nesse intervalo, os 855 km da Norte-Sul entre Palmas e Anápolis devem ficar absolutamente subutilizados.

98. Outra região do país vive também as consequências do problema dessa falta de capacidade administrativa crônica do Governo Federal. São inúmeros os prejuízos.

99. Em 2013, houve festa na Bahia. O Governo cortava a fita de inauguração da Ferrovia de Integração Oeste-Leste (Fiol), a nova estrada de ferro que transformaria a Bahia no novo corredor ferroviário de exportação do Brasil.

100. Milhares de pessoas acompanharam a cerimônia em Ilhéus, município onde acaba o traçado de 1.022 km. Ao som de "O Trenzinho Caipira", de Heitor Villa-Lobos e Ferreira Gullar, a presidente Dilma Rousseff fez um curto passeio sobre os trilhos. O povo aplaudiu o discurso.

101. Em 2010, o ex-presidente Lula, quando do balanço do Programa de Aceleração do Crescimento (PAC), garantiu que a Fiol estaria pronta em 30 de julho de 2013.

102. Depois de ter suas obras contratadas há mais de três anos, a Fiol ainda está distante do dia em que os trens finalmente poderão rodar em seu traçado. Até hoje, nenhum metro de trilho foi instalado.

103. O traçado da Fiol cruza mais de 40 municípios da região. Atinge do oeste da Bahia, nas cidades de Luís Eduardo Magalhães e Barreiras, e avança à região central do Estado, até chegar à Caetité.

104. Do Cerrado para o sertão baiano, rumo leste até chegar a Mata Atlântica, para finalmente alcançar Ilhéus, ponto final da ferrovia, onde está prevista a construção de um novo porto para receber a carga da Fiol.

105. Nos primeiros 500 km do trajeto, que ligam Barreiras a Caetité, a ferrovia praticamente não existe. Essa etapa da obra inclui a construção de uma ponte de três km sobre o rio São Francisco. Deverá ser a maior ponte ferroviária do Brasil, mas hoje não passa de um local de acesso para o gado beber água.

106. Alojamentos de trabalhadores que foram erguidos estão fechados há quase dois anos, sem nunca terem sido utilizados.

107. Na região de Guanambi, uma fábrica de dormentes foi montada em 2011, com equipamentos novos, importados da Itália. Essa linha de produção, avaliada em alguns milhões de dólares, até hoje nunca forjou um dormente sequer.

108. No canteiro de obras, uma britadeira de grande porte foi instalada para triturar a pedra que seria usada para forrar o traçado da ferrovia. O equipamento está parado há dois anos. O vigia que toma conta do local diz que um funcionário da empreiteira vai até o canteiro de obra uma vez por semana, dá uma manutenção básica no maquinário e vai embora.

109. A Fiol, orçada em R$ 4,3 bilhões, é uma obra federal coordenada pela estatal Valec. Todos os lotes do primeiro trecho da ferrovia tiveram empreiteiras contratadas desde 2010. A execução das obras, no entanto, nunca aconteceu.

110. A Fiol cometeu um erro que tem punido com rigor a maior parte dos empreendimentos de infraestrutura do país: estruturação em estudos ambientais pobres e projetos de engenharia insustentáveis. A receita foi infalível para transformar a ferrovia em estudo de caso dentro do Tribunal de Contas da União (TCU).

111. Em poucas auditorias, o TCU apontou diversas irregularidades. Desde 2011, uma medida cautelar do órgão de fiscalização impede o avanço de frente de obras ao longo de todo o trecho oeste da ferrovia.

112. A situação também é desanimadora do lado leste, entre Caetité e Ilhéus. Depois de quase dois anos de paralisação, a Valec finalmente conseguiu destravar as obras nessa segunda etapa de 500 km, dividida em quatro lotes.

113. As empreiteiras foram mobilizadas e, desde janeiro de 2015, estão retomando as operações nos canteiros de obras. O avanço físico desse traçado, porém, só atingiu 21,5 % do total previsto.

114. Esse número é puxado, principalmente, pelas ações de pavimentação e de liberação do trajeto, já que ainda não há trilhos disponíveis para instalação na ferrovia.

115. Nos 118 km de extensão do lote 2, na região de Jequié, 90% do traçado está sendo aberto em pedra bruta, nas encostas das montanhas da região. Todos os dias, caminhões chegam ao local lotados de dinamite para explodir as pedras do caminho.

116. Para evitar complicações com desapropriação neste lote, decidiu-se pela construção de um novo túnel de 700 m de extensão. A obra foi contratada, mas ainda não começou a ser executada.

117. No lote 1, que liga a ferrovia a Ilhéus, a situação está mais complicada. Os estudos contratados pela Valec não entregaram todas as sondagens de solo, uma brecha crucial para que empreiteiras apresentem mais pedidos de aditivos, caso encontrem dificuldades não estavam previstas. 118. O TCU detectou o problema e pediu à Valec a realização de 340 sondagens complementares de solo. A Valec realizou apenas 40 dessas sondagens no trecho.

119. As desapropriações também causam transtornos graves. A maior parte dos imóveis dessa segunda metade da Fiol já foi desapropriada, com 87% do traçado entre Caetité e Ilhéus liberado para o avanço das obras. Na primeira metade de 500

km, porém, as desapropriações caminham lentas, com apenas 43% de trajeto livre.

120. Os relatos do cotidiano dos profissionais responsáveis pela notificação de desapropriações e sondagens de solo apresentam um panorama das dificuldades encontradas na sequência das obras.

121. Eles relataram o recebimento de diversas ameaças de morte por donos de terras e posseiros, que impedem o acesso às terras.

122. O Governo Federal anunciou um novo cronograma para a Fiol. A nova promessa seria entregar o traçado inicial, entre Barreiras e Caetité, até o fim de 2015. A segunda etapa, que chega até Ilhéus, ficaria pronta antes, em dezembro de 2014. Mas, para os engenheiros que estão à frente das obras, e até mesmo para o governo baiano, o novo cronograma é apenas um instrumento de pressão para que as empreiteiras avancem.

123. Em Brasília, a hipótese de um novo adiamento virou assunto proibido. O governo queria ter ao menos um trecho pronto da FIOL até o fim do ano passado. Desde que chegou ao Palácio do Planalto, a presidente Dilma não conseguiu inaugurar nenhum trecho de ferrovia.

Março de 2015

Artigos

OBA, GASOLINA BARATA!

A contenção do preço da gasolina e do diesel tem sido usada no Brasil como método de controle da inflação. Essa política inegavelmente tem proporcionado vantagens aos cidadãos.

Mas seriam somente vantagens? Vejamos.

Os governos militares, entre outras mazelas, legaram-nos uma economia descontrolada, especialmente no quesito inflação. Os dois primeiros governos civis subsequentes, Sarney e Collor/Itamar, ainda que tenham tentado vencer esse flagelo econômico até mesmo com uma heterodoxa "paulada na inflação", não lograram o intento. O contrário é que se verificou: o último mês do governo Sarney, por exemplo, teve inflação maior que 85%. O governo que o sucedeu emplacou até 45% ao mês, mesmo com FHC no comando do Ministério da Fazenda.

O Plano Real chegou para mudar essa realidade, a duras penas. Nos primeiros anos do Plano Real, o governo FHC usou o frango, vendido a um real por kg, como um fator de grande efeito psicológico sobre a "cultura inflacionária". Foi circunstancial que naqueles anos tenha havido uma grande safra de milho, pressionando o preço para baixo no mercado interno. Isso barateava a ração e, no fim da cadeia, o quilo do frango. Mas o governo soube valer-se do panorama de forma inteligente.

Logo isso se mostrou insuficiente e a equipe econômica do governo se viu forçada a baixar drasticamente as taxas de importação para, por meio da concorrência externa, forçar os preços internos para baixo e assim conter a inflação. Isso funcionou quanto ao propósito: os preços foram mesmo contidos, mas os custos em desestímulo aos investimentos na indústria e, principalmente, o desemprego foram altos.

Um remédio mais amargo que a doença.

Em 2003, iniciou-se o governo do PT. 2002 foi um ano trágico. Depois de sucessivas quebras, nosso País assinou um contrato de "cheque-especial" com o FMI para assegurar os pagamentos governamentais. Neste contexto, o primeiro ano do governo Lula não teve maiores problemas com a inflação; brigava por crescimento.

A partir de 2003, o cenário internacional melhorou para as economias emergentes, em especial àquelas baseadas em commodities, como a nossa. O crescimento começou a aparecer, mas, com ele, a ameaça de descontrole inflacionário. O governo, então, pareceu seguir o seguinte raciocínio: se no passado a cultura inflacionária estava estritamente ligada aos aumentos da gasolina – porque como todo o produto tem de ser transportado e o aumento dos derivados de petróleo aumentava o frete, e a nação entendia como lógico os produtos todos serem remarcados quando aumentava a gasolina –, se contenho o preço da gasolina, contenho a inflação. Não podemos afirmar que seja exatamente por isso, mas a inflação tem se mantido em níveis aceitáveis e o Governo tem segurado o quanto pode, ou mais que isso, o preço dos combustíveis. Por exemplo, entre janeiro de 2002 e novembro de 2013, a variação do IGP-M foi de 147,58% enquanto o aumento médio dos combustíveis ficou em torno de 85%. Em outras palavras: a elevada contribuição dos combustíveis nos índices de inflação tem legitimado mecanismos estatais de controle direto dos seus preços.

O contexto

Foi no ambiente internacional de reforma liberalizante nos modelos de Estado que, a partir da década de 1990, os preços dos combustíveis fósseis foram sendo gradativamente liberados no Brasil. A abertura do setor de gás e petróleo ao capital privado, bem como o processo de abertura de capital da Petrobras, seriam forças de mercado que comandariam o comportamento dos preços internos dos energéticos. Na prática, contudo, o que se verificou foi a substituição de mecanismos de intervenção direta por mecanismos indiretos. O controle acionário da Petrobras pelo Estado e o papel monopolista da empresa no refino ensejaram o mesmo domínio governamental de antanho.

Assim, por meio do controle sobre sua política de preços, a Petrobras tem sido utilizada como instrumento de controle inflacionário, opondo o governo, principal acionista da empresa, e os acionistas minoritários.

Se para os acionistas da Petrobras (inclusive o Estado) o controle artificial dos preços dos combustíveis mostra-se prejudicial, para a sociedade brasileira os benefícios não estão evidentes. A contenção da inflação e dos custos da economia brasileira via controle dos preços dos derivados de petróleo têm aumentado a dependência brasileira da importação de combustíveis.

O aumento da capacidade de processamento de petróleo depende de uma reformulação da política de preços internos que atraia novos investimentos para o segmento de refino. Este fato se torna decisivo quando se leva em conta a tendência de crescimento da demanda por derivados no Brasil e as expectativas de crescimento da produção de petróleo da área do pré-sal.

Atualidade

Dadas as perdas acumuladas, a Petrobras e alguns outros segmentos têm forçado o governo a criar uma espécie de gatilho. Mas a presidenta Dilma quis reajustar o preço do combustível pela fórmula atual em 2013 (que permitiria um aumento aproximado de 5% no valor da gasolina e de 10% no diesel) e deixar para 2014 a análise de um modelo de reajuste mais automático. Mais do que tudo, o governo teme que o gatilho acabe servindo de referência para outros setores. A então presidente da Petrobras, Graça Foster, contudo, continuou as tratativas com o ministro da Fazenda, Guido Mantega. A Fazenda teria pedido que os cálculos fossem refeitos pela estatal.

Um pouco de história

A década de 1980 no Brasil foi marcada pela falência do Estado, o que fez com que a década seguinte buscasse uma reestruturação do modelo desenvolvimentista adotado desde os anos 1930. A indústria do petróleo, tal qual outros setores econômicos, passou por um gradual processo de desregulamentação e liberalização.

Neste sentido, a mudança mais fulcral veio em 1995, por meio da Emenda Constitucional n.º 9, que deu nova redação ao artigo 177 da Constituição Federal, acabando com o monopólio da Petrobras. A União passou a deter o direito de contratar junto a empresas estatais e privadas as atividades de pesquisa e lavra de jazidas, refino de petróleo, importação e exportação de petróleo, derivados e gás natural, e o transporte de petróleo, seus derivados e do gás natural.

Em 1997, a Lei 9.478, regulamentando a Emenda Constitucional n.º 9, abriu o capital social da Petrobras e flexibilizou o monopólio da empresa sobre o setor de petróleo. Estavam assim criadas a reestruturação do setor petrolífero e a política de precificação de combustíveis no Brasil. Esta última foi sendo paulatinamente alterada visando à liberalização de preços.

Historicamente, a precificação dos combustíveis era o resultado de planilhas complexas, que envolviam, por exemplo, ao mesmo tempo, impostos e subsídios. Com a abertura e inserção do capital externo nos anos 1990, os mecanismos de controle direto do Estado foram sendo substituídos por mecanismos de mercado a partir de privatizações e da abertura da economia. A figura do Estado regulador foi, dessa forma, substituindo o histórico papel desempenhado pelo Estado brasileiro, no qual predominava o caráter intervencionista das políticas públicas. Seguindo a tendência mundial, priorizou-se também aqui a concorrência e os ganhos de produtividade na indústria de petróleo.

1997 foi marcado pela promulgação da chamada Lei do Petróleo, de n.º 9.478. Iniciou-se a transição de uma estrutura de monopólio para uma estrutura de mercado aberta à competição nacional e internacional. Referentemente aos preços, a Lei do Petróleo previu um período de transição de três anos, nos quais deveriam ser feitos os reajustes e revisões dos preços dos derivados do petróleo. Houve, então, um processo gradual de liberação de preços e de retirada dos subsídios, com o fito de igualar os preços nacionais aos do mercado internacional.

A partir de 1998, os preços dos derivados passaram a variar mensalmente em função dos preços no mercado internacional. Em janeiro de 2002, os preços dos combustíveis foram totalmente liberalizados. Como era expectável, a ação forçou os preços para cima.

Apesar da liberalização dos preços, não houve um alinhamento dos preços domésticos dos combustíveis aos preços internacionais, que atuam como referências do mercado mundial. Isso ocorre apenas no caso do óleo cru, que adota as cotações do petróleo internacional.

Isso comprova que a discrepância de preços existente entre os combustíveis é resultado de uma oportuna manobra política através da Petrobras, visto que os combustíveis têm um importante impacto nas metas de inflação dos governos. A gasolina disponibilizada nas bombas de combustíveis está mais barata por causa da política anti-inflacionária adotada pelo governo desde a assunção de Lula ao governo até os dias atuais. Secundariamente, é muito provável que essa política vise a atender algum grau de populismo dos governos, mantendo-lhes favoráveis à opinião pública.

Não podemos negar que inúmeros brasileiros são favorecidos por essa política, que lhes permite um passeio a mais no final de semana e o conforto do automóvel para diversas outras atividades familiares. Se o preço da gasolina tivesse acompanhado a inflação do período, talvez um alto número de proprietários preferisse vender mesmo seu automóvel, diminuindo assim facilidades e conforto.

Como qualquer outra mercadoria, quanto mais baixo o preço, melhor pra todos aqueles que a consomem, isso é indubitável. Temos o exemplo do carro popular, que, para fazer frente à crise mundial iniciada em outubro de 2008 – com a quebra de vários bancos tradicionais dos Estados Unidos –, teve reduzido seu IPI. Isso fez a diferença para muitos brasileiros poderem adquirir seu primeiro carro novo. Outros milhares puderam trocar de carro.

Via de regra, o aquecimento da economia traz as condições para o aumento da inflação, e os governos têm de atuar contraditoriamente nestas duas frentes. Neste caso específico, o mesmo governo agiu complementarmente contra a inflação, segurando o preço da gasolina e em favor do crescimento econômico, diminuindo o preço final dos carros. Ambos os projetos foram exitosos e partes do sucesso eleitoral do governo em 2010.

O descompasso acima gera desequilíbrio macroeconômico de grande monta e causa uma grande incerteza na segurança em investimentos no País. Secundariamente, há também as perdas dos pequenos investidores, estimulados a investir suas economias na Petrobras e acumuladores de perdas. Não as perdas naturais, advindas do risco do negócio, mas uma perda decidida politicamente. Contudo, estas últimas perdas ocasionam um ganho dos consumidores do produto. Portanto, é uma perda que se pode dizer socialmente compensada.

As verdadeiras perdas são outras, mais importantes e abrangentes. A primeira refere-se à questão de mobilidade, urbana e não-urbana. Naturalmente, o controle da inflação é crucial, mas se, para tanto, lançamos mão do controle do preço de um insumo, temos de procurar antever as consequências que isso tem e procurar mitigá-las.

Ora, a contenção do preço da gasolina e do diesel tem a contrapartida inevitável de mais carros nas ruas. É espectável que o mesmo poder que contém o preço pense em investir na ampliação de rodovias, na melhor sinalização, na reforma da malha viária. Isso, contudo, absolutamente não foi pensado. Mais: a modalidade de transporte urbano e de cargas deveria merecer melhor atenção. Enquanto todos os países desenvolvidos e em desenvolvimento concentram no trem aproximadamente 60% de seu transporte, no Brasil essa concentração não atinge ou não ultrapassa 30%. Lembremos: o trem polui apenas um quarto do que polui um caminhão e o custo do frete fica reduzido a um sexto do valor.

Não é aceitável que medidas capazes de diminuir esses problemas não venham acompanhadas de estudos sérios e de investimentos nos trilhos nacionais. A segunda questão é a saúde. A ONU acaba de reconhecer como cancerígena a poluição urbana que, ademais, vem matando milhares de pessoas a cada ano, seja pelas inúmeras doenças respiratórias ou por câncer. Ações que aumentam o número de carros nas ruas deveriam ser acompanhadas de medidas mitigadoras dos efeitos da poluição, como rigor na fiscalização das emissões dos veículos. O que vemos em São Paulo, por exemplo, é um movimento para a não fiscalização. Evidentemente, não somos contrários ao controle da inflação, nem à gasolina barata para a sociedade. O que não se pode admitir é que uma tal política seja implementada ao largo dos sérios problemas que traz consigo, ampliando problemas históricos, lesivos ao cidadão.

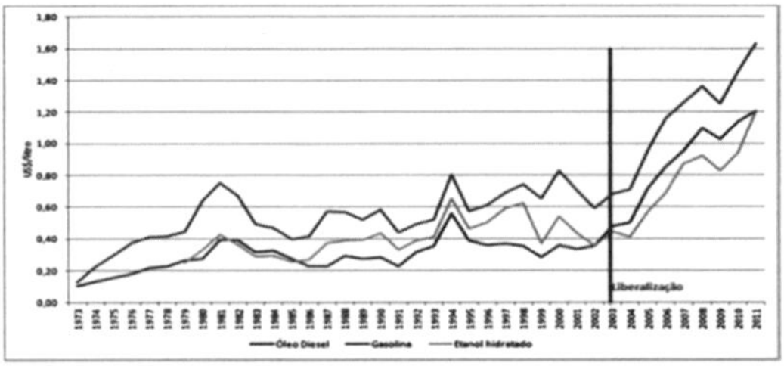

Abril de 2015

IDEOLOGIA FORA DOS TRILHOS

Entre os anos 1960 e 1980, a América do Sul foi governada por grupos extremamente ligados à direita. Os principais países sul-americanos passaram por duras ditaduras militares nesse período, regimes geralmente apoiados pelos Estados Unidos, como o Brasil. Os norte-americanos justificavam esse apoio pela luta contra o comunismo. Vivia-se o auge da Guerra Fria.

Nos anos 1990, primeiramente no Chile e na sequência no Brasil, passou a prevalecer na América do Sul a política neoliberal. Iniciada por Margaret Thatcher na Inglaterra já nos anos 1970, e adotada por Ronald Reagan nos anos 1980, ela foi sustida pelo democrata Bill Clinton nos anos 1990 e pelos governos de FHC, no Brasil, e de Carlos Menem, na Argentina. A ideologia era liberal, de direita, com os principais governos sul-americanos eleitos e reeleitos democraticamente. O novo milênio, contudo, chegou soprando novos ares em direção à esquerda. Primeiramente, foi a Venezuela de Hugo Chaves e Maduro (1999-2014). Depois veio a Bolívia de Evo Morales (2002-2014) e o Brasil de Lula e Dilma (2003-2014).

Na sequência, a Argentina, com o casal Kirchner (20032014) e o Equador, com Rafael Correa (2006-2014). Também tivemos o Paraguai, com Fernando Lugo (2008-2012), e o Uruguai, com José Mujica (2010-2014).

Exceto Lugo, deposto por um golpe branco da direita, todos os demais continuam no poder. Seja por ser o primeiro, seja por causa de sua habilidade política, Hugo Chaves sempre exerceu liderança política e ideológica sobre os demais países citados. Das grandes economias sul-americanas, apenas a Colômbia (provavelmente devido às Farc) não aderiu à guinada à esquerda. O Chile esteve sob comando de viés esquerdista entre 2006 e 2010, voltando agora, em 2014, às mãos de Michelle Bachelet.

A história demonstra que, quando as instituições estão funcionando e a democracia prevalecendo, existe um movimento pendular inequívoco: ora prevalecem as forças da direita, ora as da esquerda. Um polo ascende ao poder e, inevitavelmente, se desgasta com o tempo, enquanto o outro polo, opositor, tende a se reerguer.

Recentemente, vimos movimento semelhante na França de Mitterrand, na Inglaterra de Tony Blair e, constantemente, na democracia norte-americana dos partidos Democrata e Republicano. Se for verdadeira essa primeira premissa, é inevitável supor que o esquerdismo sul-americano esteja caminhando para a corrosão e que a direita esteja em vias de voltar a liderar nosso continente.

Como nosso foco não é ideológico, mas de melhorias econômicas e sociais via infraestrutura, tanto para a nação brasileira, como para nossos queridos hermanos sul-americanos, fizemos este preâmbulo das ideologias vigentes por causa de uma segunda premissa: os governos de direita geralmente têm viés globalizante e são mais favoráveis a conglomerados econômicos, como o Mercosul, e à integração regional; enquanto os de esquerda tendem a ser mais nacionalistas. Se for também verdadeira a segunda premissa, é forçoso concluir que chegou a hora de começarmos a discutir a sério a integração de toda infraestrutura local, mais especialmente a integração da nossa malha ferroviária com os países limítrofes, aumentando potencialmente nosso comércio e a integração de nossos povos.

Pode-se começar pela padronização das bitolas dos trilhos e pelo traçado das novas linhas férreas previstas no PAC (Programa de Aceleração do Crescimento) brasileiro.

Abril de 2015

PRECONCEITO LOGÍSTICO

Segundo Fernando Henrique Cardoso, por "preconceito ideológico" os investimentos em infraestrutura no País ficaram parados desde que o petista Luiz Inácio Lula da Silva assumiu a presidência. Foi o que a *Folha de São Paulo* publicou em 30 de novembro de 2013: "Pararam dez anos os investimentos em infraestrutura no Brasil por preconceito ideológico", disse literalmente FHC, em relação às concessões e privatizações. Segundo o ex-presidente, as recentes concessões de aeroportos e estradas foram um importante passo para o País. "[...] Mas o mais importante é fazer bem feito, com transparência", completou.

Não é propósito nosso discutir aqui quem foi melhor presidente. Interessa-nos espreitar a extensão do que um eventual preconceito ideológico de um governo pode alcançar. São muitas as ideologias, sem dúvida, mas, como tais, podem ser agrupadas e divididas claramente entre ideologias de esquerda e de direita. Quando se trata de pessoas ou grupos, encontramos basicamente os alienados (que não se declaram nem de direita, nem de esquerda, às vezes se dizem apolíticos, invariavelmente com posições de direita); os radicais (de um e outro lado) e os moderados. Mas não existe propriamente um centro; existem os centro-esquerdistas e os centro-direitistas, por menor que seja o pendor para um e outro lado.

De uma maneira sucinta, podemos afirmar que a ideologia de direita prega o investimento governamental naquilo que traga o crescimento econômico direto, como o investimento em empresas. A ideologia de esquerda, por sua vez, prega investimentos governamentais diretamente ligados aos problemas da população e ao combate à desigualdade. O primeiro convive bem com o conceito de Estado mínimo; o segundo tem viés estatizante. Quem está certo? Resposta difícil. Embora sempre tenha mantido uma tendência social, uma preocupação com as camadas mais carentes, e há décadas seja um ambientalista, num ambiente de esquerda por excelência, devo admitir que a direita tem fundamentadas razões. Os avanços econômicos são mais comuns nos períodos em que os países democráticos estão regidos por grupos mais ligados à direita.

Mas no Brasil recente não foi assim. O governo Lula, que esteve nitidamente à esquerda do governo FHC, obteve resultados muito melhores no crescimento econômico. Certo, mas são muitas as variáveis e não seria sensato dizer que crescemos durante o governo Lula por causa do Bolsa-Família, por exemplo. Além dos êxitos da equipe do governo petista, houve um cenário externo muito mais favorável e a aplicação de fundamentos econômicos herdados do governo anterior, de direita.

Questões de infraestrutura

O mais notório e abalizado dicionarista que tivemos, Antônio Houaiss, na primeira acepção do verbete, descreve preconceito como: “qualquer opinião ou sentimento concebido sem exame crítico". Ora, se nosso presidente tiver razão, se a falta de investimento em infraestrutura no Brasil estiver ligado a um preconceito ideológico, toda a nação estará submetida a uma ação política hedionda.

Evidente que não podemos tomar essa afirmação como uma verdade. Não podemos perder de vista a disputa por espaço político, nem nos olvidarmos de que a principal crítica da qual o governo FHC teve de se defender foi aquela referente às privatizações, já que, se tivemos privatizações necessárias e exitosas, como a da telefonia, e outras polêmicas, especialmente a da Vale do Rio Doce, inclusive com indícios de ser viciosa a licitação e objeto de corrupção como um todo, já que havia avaliações de até 93 bilhões e a privatização se deu por 3,3 bilhões. Mas as 107 ações impetradas na Justiça contra o leilão nunca provaram essas acusações. Também não podemos, contudo, tomar a afirmação de nosso ex-presidente sociólogo como falaciosa de pronto, o que significaria um preconceito, uma opinião sem o necessário exame crítico. A julgar pelo histórico do partido que ocupa o poder, sempre houve um evidente discurso contrário a qualquer tipo de privatização, já que isso diminuiria o Estado e, portanto, a capacidade pública de ações sociais. Ao final de seu governo, mais de uma vez o presidente Lula jactou-se de ter feito um bom governo, de ter feito crescer a economia sem privatizar, ainda que seus adversários digam que ele privatizou.

Afinal, Lula privatizou ou não? A querela sobre esta questão se dá porque ele assinou concessões, como a de aeroportos. O que importa é saber se a não privatização se dá como fruto de estudos técnicos que não apontam a sua necessidade, visto que o governo tem condições de manter os investimentos, ou se é o resultado de um preconceito, de uma opinião a priori.

Fato é que a infraestrutura do Brasil depende da intermodalidade: o trem, o caminhão, o barco, o duto e até o avião sendo usados em conjunto, no interesse da redução de custos, da menor emissão de gases de efeito estufa, da diminuição de acidentes e de doenças causadas pela poluição oriunda do trânsito. E esses são assuntos demasiadamente importantes para serem tratados com preconceito, seja de uma ou de outra agremiação política.

Abril de 2015

POLUIÇÃO URBANA E CÂNCER (OU A FALTA DE TREM TAMBÉM MATA)

A poluição atmosférica está entre principais causas do câncer. É o que diz a Organização Mundial da Saúde (OMS). "O ar que respiramos está repleto de substâncias cancerígenas e contribui com centenas de milhares de mortes por ano". A sentença, com tradução livre, integra o relatório divulgado em 16 de outubro de 2013 pela Agência Internacional para a Pesquisa do Câncer (AIPC), subordinada à OMS. Sejamos diretos: uma das razões para a volta dos trilhos é que ele emite apenas um quarto de poluição se comparado ao ônibus. O relatório afirma que 223 mil mortes por câncer de pulmão ocorridas em 2010 no mundo resultaram da poluição atmosférica. Ainda: há fortes indícios de que a contaminação do ar eleva o risco de câncer de bexiga. Esses números, contudo, não entraram na estatística acima. Há tempos havia consenso de que a poluição atmosférica, oriunda das emissões de gases no transporte, geração energética, indústria e agricultura, eleva os riscos de diversas doenças cardiorrespiratórias. Nos últimos anos, em algumas partes do mundo, a exposição à poluição cresceu significativamente. Isso se deu principalmente nos países populosos e naqueles que passam por uma rápida industrialização, como a China. "Agora sabemos que a poluição atmosférica externa é não só um grande risco à saúde em geral, mas também a principal causa ambiental das mortes por câncer", reitera Kurt Straif, diretor da seção de monografias da AIPC, cuja tarefa é classificar os agentes cancerígenos.

A poluição atmosférica ao ar livre e o material particulado – um importante componente da poluição – são agora classificados como agentes cancerígenos do Grupo 1, de acordo como especialistas que revisaram a literatura científica mais recente na AIPC.

Entraram nessa classificação também mais de cem outros agentes, como o amianto, o plutônio, a poeira de sílica, a radiação ultravioleta e o cigarro. Muitas substâncias encontradas no ar poluído, como a fumaça dos motores a diesel, solventes, metais e poeiras já detinham esta classificação. A novidade: o próprio ar poluído dos ambientes externos passa a ser classificado como uma causa de câncer.

"Nossa tarefa foi avaliar o ar que todos respiramos, em vez de focar em poluentes específicos do ar (...) Os resultados dos estudos revistos apontam na mesma direção: o risco de desenvolver câncer de pulmão é significativamente maior em pessoas expostas à poluição atmosférica", afirma Dana Loomis, subdiretora da seção.

Christopher Wild, diretor da agência, expressou que a classificação da poluição atmosférica como um agente carcinogênico é um passo importante para alertar os governos sobre os perigos (e custos) em potencial. Segundo ele, há formas muito eficientes de reduzir a poluição atmosférica e, dada a escala da exposição que afeta as pessoas no mundo todo, este relatório deveria passar um forte sinal à comunidade internacional para agir.

Janeiro de 2014

É A LOGÍSTICA, ESTÚPIDO! DIRIA CLINTON

A logística afeta diretamente todas as pessoas. Na mobilidade urbana, nos prazos de entrega, nos altos custos do transporte de cargas que pagamos embutidos nos produtos que compramos, etc.

O meio ambiente também é diretamente afetado por uma logística como a brasileira, que privilegia o transporte rodoviário, quatro vezes mais poluente que o ferroviário, e mais de dez vezes mais poluente que o aquaviário. Em São Paulo, cada habitante recebe 1,4 tonelada de poluentes por ano. Com a macroeconomia do país não é diferente. Em 4 de setembro de 2015, em Genebra, o Fórum Econômico Mundial (*The World Economic Forum*-WEF) publicou o ranking de competitividade 2013-2014, criado na década de 1980.

Trata-se de um relatório que combina dados estatísticos nacionais e internacionais com a opinião de executivos. No Brasil, por exemplo, dois mil deles foram entrevistados. Na prática, o estudo avalia as condições oferecidas por um determinado país para que as empresas que nele operam tenham sucesso no contexto nacional e internacional, promovam o crescimento sustentável e, ainda as empresas, ofereçam melhorias para as condições de vida da nação. Dentre os 148 países analisados pelo Relatório Global, o Brasil caiu da 48ª para a 56ª posição, um recuo histórico. A falta de infraestrutura básica tem sido apontada como a mais determinante para o pessimismo do empresariado, assim como a deterioração macroeconômica.

No Brasil, o documento foi feito em parceria com a Fundação Dom Cabral (FDC) e o Movimento Brasil Competitivo (MBC). Carlos Arruda, coordenador do Núcleo de Inovação e Empreendedorismo da Fundação Dom Cabral, responsável pela análise dos dados brasileiros do ranking, relativiza ao afirmar que o Brasil perdeu também porque outros melhoraram.

Foi o segundo resultado negativo do Brasil em rankings de competitividade de 2015. Em outro levantamento, divulgado em maio pelo *International Institute for Management Development* (IMD), também em parceria com a Fundação Dom Cabral, o País ficou em 51º lugar entre 60 países avaliados. A Suíça liderou a lista das economias mais competitivas pelo quinto ano seguido no ranking do WEF e, em 2013, foi seguida por Cingapura e Finlândia, assim como no levantamento anterior. Alemanha e Estados Unidos completaram a lista dos cinco primeiros postos. Dos cinco países dos Brics, a China (29ª) segue líder, seguida pela África do Sul (53ª), Brasil (56ª), Índia (60ª) e Rússia (64ª). Deste grupo, somente a Rússia melhorou a posição no ranking, subindo três colocações. O Brasil teve a queda mais brusca; África do Sul e Índia caíram uma posição e a China manteve a colocação de 2012. Essa situação liga um sinal de alerta: o "céu de brigadeiro" vivido pelos emergentes nos últimos dez anos se enubla.

Na América Latina, o Brasil ficou atrás, do Chile – que, na 34ª posição, lidera o ranking regional –, do Panamá (40ª), Costa Rica (54ª) e México (55ª). A Argentina foi o país do Hemisfério Sul que teve a maior queda, de dez posições, para 104ª. A Venezuela caiu para a posição 134. Segundo o relatório, os dois países apresentam um quadro crítico em seus fatores institucionais e macroeconômicos.

Segundo o comunicado do WEF, a região latino-americana continua afetada por um funcionamento institucional frágil, infraestrutura deficiente e ineficácia da designação dos fatores de produção. Setorialmente, o Brasil apresentou resultados decepcionantes em onze dos doze pilares para o desenvolvimento avaliados, principalmente no item "Eficiência do Mercado de Bens", no qual recuou dezenove posições, para a 123ª. Esse item avalia, por exemplo, questões regulatórias, como o impacto alfandegário nas exportação de bens e tarifas no comércio internacional. "Nas questões regulatórias, que é avaliação dos empresários, o Brasil ficou em 139º lugar em 148 países; nas tarifas internacionais, um dado estatístico, está em 126º lugar", disse Arruda. O melhor desempenho do Brasil nos itens individuais avaliados e o único onde o País não perdeu posições é o "Tamanho do Mercado", ficando em nono lugar. No entanto, sempre segundo Arruda, o dado positivo é ofuscado pelos outros indicadores. "Em todos os dados de infraestrutura básica, como estradas e portos, o País está entre os piores do mundo."

Entre os piores do mundo e, mesmo assim, de acordo com o IPEA (Instituto de Pesquisa Econômica Aplicada), do orçamento de R$ 646 bilhões previstos no PAC para obras, apenas R$ 37,1 bilhões estão destinados à infraestrutura de transportes, incluindo a portuária.

Segundo o mesmo instituto, essa fração não é satisfatória para atender o universo de demandas existentes. Com o investimento previsto, ainda resta uma lacuna de R$ 33 bilhões em demandas no setor.

Malgrado esse panorama em si insuficiente, as obras da PAC não têm respeitado os cronogramas, o que ameaça o país de um colapso no sistema portuário, especialmente se o país retomar o crescimento. O Brasil não pode parar. Devemos isso às gerações futuras. Aliás, "as gerações futuras irão cobrar responsabilidades de quem sabia e nada fez". Essa frase, do primeiro ministro francês Jacques Chirac, precisaria ser lembrada nessa hora por quem no Brasil atual pode, mas não está fazendo. Agora, prover reduções de impostos para estimular a venda de automóveis que já se espremem em engarrafamentos (imposto que poderia ter duplicado estradas, construído ferrovias), foi um dos maiores erros estratégicos contra a logística do país.

A poluição ambiental é responsável também por inúmeras mazelas e mortes. Por outro lado, a eficiência logística tem o condão de aumentar a competitividade nacional e gerar uma virtuosa reação em cadeia.

Janeiro de 2014

VOCÊ ACREDITA EM AZAR?

Em 1854, o Brasil inaugurou sua primeira ferrovia. O progresso chegava com 14,5 km de trilhos entre a cidade do Rio de Janeiro e Petrópolis. Em 1889, nosso país já utilizava 9.200 km de ferrovias enquanto construía outros 9 mil km. Hoje, quase 125 anos depois, temos cerca de 25 mil km de trilhos, a mesma malha do Japão (um país do tamanho do Estado de São Paulo), 14 vezes menos ferrovias do que os EUA e quatro vezes menos do que a Rússia.

Um pouco antes, em 1887, somente a cidade de São Paulo tinha sete linhas de bonde. Juntas, elas transportavam 1,5 milhão de pessoas por ano. A coisa prometia.

Esse ritmo de expansão das ferrovias, ainda o meio de transporte terrestre com o menor impacto ambiental e menor custo, se manteve até meados dos anos 1930. Foi no contexto do pós-guerra que se iniciou a pressão internacional, de olho no nosso mercado automobilístico. Ato contínuo: desmonte e sucateamento das ferrovias brasileiras.

Dez anos depois, com a assunção de Juscelino Kubitschek, o presidente "Bossa nova", a opção pelas rodovias se materializou definitivamente. O que hoje significa caos logístico, redução da competitividade do país, problemas de escoamento de safras e perdas gerais, foi festejado como o advento da pós-modernidade. O trem polui quatro vezes menos, pois, em média, necessita de apenas um quarto do óleo diesel consumido pelos caminhões para transportar uma mesma carga. E os acidentes na estradas? A mobilidade? As filas de caminhões para Santos? Tanto descaso ambiental e prejuízo apenas pela escolha infeliz de modal. Sim, o caminhão é ideal para curtas distâncias, mas nossas safras viajam mais de 3 mil km para chegar aos portos. 70% desse transporte se dá sobre pneus. Em tempos recentes, a esperança de quem pensa o país mais organizadamente foi aumentada com um anúncio por parte do governo. Há um ano e um mês, Brasília anunciou o programa de concessões de nossas ferrovias. Entretanto, sucessivos episódios neutralizaram essa esperança.

Somente agora, depois de todo esse tempo, o governo se deu conta de que, para maiores investimentos, é preciso dar mais garantias jurídicas. Anunciou que vai precisar de ao menos mais 60 dias para negociar uma Medida Provisória, ou projeto de lei, que dê base jurídica mais consistente a esses negócios. Como estamos iniciando outubro, ninguém em são juízo esperará algo para antes de 2015. Pelo calendário oficial, os 10 mil km de ferrovias já estariam hoje leiloados e os investimentos de R$ 91 bilhões em vias de iniciarem-se.

A presidente Dilma foi aos Estados Unidos, com toda sua equipe econômica, para convencer os investidores privados internacionais a investirem na construção de rodovias, aeroportos, portos e ferrovias.

Não convenceu. Por quê? Restaram dúvidas quanto à segurança jurídica, ao retorno financeiro dos projetos e à regulação – em um ano mudamos as regras das concessões três vezes, e há a ressaca das fraudes das licitações dos metrôs de SP e Brasília.

Além disso, o TCU pode impor alterações no modelo de concessões, o que poderá importar em revisões no próprio leilão. E o governo admite que as prioridades são as rodovias, os aeroportos e o poço de Libras (pré-sal).

Ficam mais uma vez para segundo plano as linhas férreas que, devido à redução de custo do transporte, poderiam a um só tempo aliviar o bolso do cidadão, já que as mercadorias poderiam custar menos, e aumentar a competitividade internacional do país.

Muito azar! Ou você estaria pensando em improviso e falta de planejamento de longo prazo?

Outubro de 2014

SÃO PAULO: UM ESTADO CONSTRUÍDO SOBRE TRILHOS

No início do século 19, a economia no Brasil estava um marasmo. O ciclo do ouro havia acabado e o país havia se endividado com a Inglaterra para se tornar independente de Portugal. O açúcar era o principal produto do país, mas outros países produziam açúcar com custos menores; o preço no mercado internacional baixava drasticamente, inviabilizando a exportação da nossa produção.

Na Europa, ao contrário, tínhamos a efervescência da Revolução Industrial. A partir da invenção do tear a vapor, centenas de indústrias surgiram, gerando milhões de empregos. A economia se aquecia, as condições do povo do Velho Continente só faziam melhorar. A fome, que, entre outras coisas, desencadeou a Revolução Francesa do final do século 18, com a nova condição proletária, cedia gradativamente. A partir deste movimento europeu, surgiam novas oportunidades para países agrícolas como o Brasil. Uma delas era o café. Se a aristocracia sempre o havia apreciado, agora havia milhões de novos operários em condições de beber um estimulante café antes de ir para o trabalho. Quem poderia produzir e fornecer esse produto? Em que lugar existiriam terras e clima ideais para isso? Era a oportunidade que o Brasil precisava para se reinventar. Um produto novo era realmente uma oportunidade ideal.

Na primeira metade do século 19, o Brasil começou a produção perto da capital Rio de Janeiro. Rapidamente as plantações se expandiram para o oeste, ganhando o Estado de São Paulo, terra e clima ainda mais apropriados para o plantio da nova cultura.

Contudo, se, por um lado, havia excelentes terras e clima favorável, por outro, faltava infraestrutura. O principal meio de transporte nas nossas paragens ainda era o lombo das mulas. As estradas sequer ofereciam condições adequadas para as carroças.

Se a solução era o café, o problema era o transporte. Como levar toneladas do produto através de picadas, no meio da Serra Mar, no lombo de mulas? Pela tardança, a perda era de quase metade da produção. Além disso, a forma de transporte era lenta, o que impedia o plantio mais para o interior. Contudo, havia mercado e dinheiro. O que fazer? Ferrovias, uma solução europeia, a locomotiva a vapor sobre estradas de ferro. Naqueles tempos, mesmo na Europa, isso ainda era novidade - e era a infraestrutura necessária aqui. Precisava-se ligar o porto ao interior por trilhos. Conquanto, endividada, nossa nação não tinha como custear. A solução foi o investimento da iniciativa privada de Visconde de Mauá, consorciado com o investimento inglês: a São Paulo Railway. Em 1867, foi inaugurada a ferrovia que liga Santos a Jundiaí, com entroncamento na pequena cidade de São Paulo, à época com 30 mil habitantes. Com o uso das ferrovias, os custos dos transportes despencaram. Em pouco tempo, novas fronteiras agrícolas foram criadas, e essas também requeriam ferrovias para escoar suas mercadorias, afinal, os barões do café queriam despachar seu produto, o lucro era urgente. Em 1872, a capital paulista chegou a 32 mil habitantes. Nas paradas dos trens, onde nada existia, surgiam centenas de novas vilas. Em 1890, a cidade de São Paulo chegava a 65 mil habitantes. Das novas regiões surgiram novas empresas ferroviárias com o nome da região que atendiam: Central, Norte, Mogiana, Sorocabana, Noroeste, Araraquarense, Alta Paulista.

Apesar dos nomes tupiniquins, a maioria das empresas tinha capital inglês. Neste cenário, havia muito trabalho e pouca mão de obra. A solução: estimular a imigração. Assim, milhares de pessoas do mundo inteiro chegavam ao porto de Santos e subiam, de trem, a serra que levava à capital. De lá, seguiam para as regiões recém-desbravadas do interior. Neste contexto, a capital paulista chegou a 240 mil habitantes em 1900. Em menos de 40 anos, o estado de São Paulo saiu do zero para mais de três mil quilômetros de ferrovias, atingidos no final de 1901. O mundo passava a se interessar por São Paulo.

As vilas cresciam rápido e viravam cidades repletas de trabalhadores que, por sua vez, precisavam de muitos produtos, principalmente de tecidos e calçados. Para atender a esta demanda, surgiam mais e mais novas indústrias na capital paulista.

Em 1920, a terra da garoa atingia 580 mil habitantes. Em 50 anos, o transporte passou das mulas para o batizado "Cavalo de Ferro"; podia-se ir para qualquer região do estado pela via férrea.

A luz elétrica e outros benefícios também iam se expandindo. Durante esta primeira fase da República (posteriormente chamada Velha República), a política do café-com-leite (em que presidentes paulistas e mineiros se alternavam) mandava no país. Os investimentos privilegiavam os interesses dos barões do café e geravam dívidas para o estado, sempre contando com o preço futuro do café.

Os troncos das linhas, por exemplo, em grande parte eram baseados nas necessidades individuais dos fazendeiros. Não existia um planejamento de interesse público. Em 1929, com a quebra da bolsa de Nova York, o preço do café despencou. O mundo entrou em crise e o Brasil ainda mais, devido à sua monocultura cafeeira. Com uma indústria apenas incipiente e o café sem preço, o país precisava novamente se reinventar. Com a Revolução de 1930, os barões perderam o poder. O ciclo cafeeiro entrou em franca decadência. Em 1940, a cidade de São Paulo já abrigava 1 milhão e 326 mil habitantes. O estado paulista contava com mais de 8 mil kms de ferrovias e o país tinha 28 mil kms operantes. Todavia, a sociedade do entorno das ferrovias, criada sobre a monocultura cafeeira, estava em grande crise.

Com a crise generalizada veio a intervenção estatal nas ferrovias. Depois da Segunda Guerra Mundial, o governo "comprou" as decadentes companhias inglesas. Em 1957, da união daquelas empresas, surgiu a Rede Ferroviária Federal S/A – a RFFSA.

Nesse mesmo período foi implantada a indústria automobilística, outra oportunidade para o País: um novo ciclo econômico. Entretanto, se manteve a velha noção política de que para se cobrir um santo é necessário descobrir um outro. Essa visão fez com que diminuíssem e/ou cessassem os investimentos em novas ferrovias, inclusive na manutenção das ferrovias existentes. Por fim, o governo resolveu desativar alguns troncos, os mais deficitários, principalmente onde eram criadas estradas de rodagem.

A indústria automobilística se fortaleceu, mas as cidades do interior paulista sofreram. Começava, assim, a migração em massa de trabalhadores da agricultura para a capital. As cidades criadas ao longo das ferrovias minguavam, diminuíam rapidamente; algumas iam deixando de existir.

O novo ciclo era assaz privilegiado. O lobby das montadoras contribuía fortemente pra isso. Assim, passou-se a investir-se em estradas, e a infraestrutura ferroviária, construída pelo esforço de muitos em cem anos, começou a passar por um processo de sucateamento a que assistimos até os dias atuais.

Janeiro de 2014

UM FATOR MULTIPLICADOR

Desde sua fundação, nosso país tem sido conduzido por ciclos econômicos distintos. No início, assistimos a um crescimento econômico rápido, depois a um período de estagnação e, por fim, a um inevitável declínio.

O Brasil começou com o ciclo de um produto que lhe deu o nome: o Pau-brasil. Passou a ser colonizado em massa por seu segundo ciclo, o do açúcar. Sustentou uma metrópole decadente com o ciclo do ouro. Virou um país de fato pelo ciclo do café e se transformou pelo ciclo industrial e automobilístico.

Os ciclos representam oportunidades para o país, a chance de crescer economicamente. Os recordes anuais da produção graneleira e açucareira, bem como a plena industrialização, são uma grande nova oportunidade, mas, para que ela seja aproveitada, precisamos que voltem os trilhos: que volte o trem.

No Brasil, os interesses particulares são privilegiados no período de ganhos e crescimento. Entretanto, os prejuízos são compartilhados com toda a sociedade no período de perdas e declínio.

É preciso que haja uma visão de longo prazo. É da natureza da economia moderna que os ciclos aconteçam cada vez mais rapidamente. Cabe ao gestor administrar a infraestrutura do País para além deles.

Durante mais de cem anos, criamos uma infraestrutura forte para o transporte mais barato de mercadorias e pessoas: as ferrovias. Mas faz mais de 70 anos que a abandonamos. O meio de transporte segue se mostrando mais eficiente em todos países que mantiveram os investimentos; é um transporte de massa limpo. Retornar a ele é pensar nas gerações futuras, a quem devemos isso.

O trem polui quatro vezes menos que o caminhão e o ônibus. Quatro vezes menos. Por isso, com o trem o aquecimento global diminui. O frete do trem é seis vezes mais barato que o frete rodoviário. Seis vezes mais barato. Com o trem, portanto, o Brasil fica mais competitivo. Mas o que mais importa é que, com o trem, o feijão chega à mesa do trabalhador até pela metade do preço. Duas vezes menos. O trem é barato, o trem é limpo. E tem político roubando nossas locomotivas, mas a isso não vamos assistir calados. Pode anotar.

Dezembro de 2013

TRENS, BOSQUES AMBULANTES

O ser humano vivia em harmonia com a natureza. Em pequenos grupos, dependendo dos próprios braços, seus ímpetos extrativos eram impotentes ante a natureza imperiosa. A partir do domínio do fogo, passou a cozinhar os próprios alimentos, evitando doenças; a enfrentar as feras; a descampar a torto e a direto: que espetáculo! Com um domínio cada vez mais acurado, passou a derreter a rocha e dela verter metal. Deste, forjou a espada para matar o inimigo e o machado e a foice para descampar seletivamente.

A espada na mão de outros era ameaça muita e o melhor era agregar-se a tantos outros e, machado à mão, abrir clareiras e formar cidades, fortificá-las com muralhas. E a natura? A natura continuava assentindo a tudo, soberba e quase intacta.

Desafiadora quase, quase-quase.

Chegou o tempo em que as regiões mediam seu desenvolvimento pelo desmatamento realizado. Maior o desmatamento? Mais desenvolvida a região. Nem assim a mão humana interferiu na camada de ozônio, na temperatura do planeta, na concentração de poluentes, a não ser de forma pontual na relação tempo/lugar.

Então, chegou-se ao século 18 e à Revolução Industrial. A pureza e sanidade do ar nunca mais se restabeleceram. Sim, é dado medido e comprovado, o aquecimento global começou com a Revolução Industrial, quando o homem passou a contar com o auxílio das máquinas no seu afã ganancioso, mas autodestrutivo, de produção de lucro a qualquer custo. As consequências são inúmeras e complexas, e excedem em muito o escopo desta abordagem, mas a consequência mais evidente, a de dano mais imediato, vez que atinge mais pessoas que conhecemos e, inevitavelmente, em maior ou menor grau a nós mesmos, é a poluição das cidades. Especialmente nas grandes cidades e polos industriais. No Brasil, acerca de concentração de poluentes, Cubatão continua a ser, infelizmente, nosso caso mais emblemático. Entretanto, como ensina o grande mestre da dialética, se tudo se dá na contradição, é de lá que vem nossa melhor lição. Depois de ter nascido até criança sem cérebro na vila Parisi, ao lado da antiga Cosipa, a comunidade juntou forças e forçou as autoridades a minorar os prejuízos. A união de pessoas simples mudou a história, e desavergonhou a pátria e a todos nós.

Em polos industriais, os agentes poluidores são as diversas indústrias e as soluções são tão diversas quanto diversificados forem os métodos produtivos lá encontrados. Nas grandes metrópoles, como São Paulo, 90% ou mais dos poluentes são oriundos dos veículos automotores. Se não sofrermos um acidente fatal, é muito provável que vivamos menos por causa dessa poluição. Talvez muito menos. E, ainda mais grave, há quem, mesmo não tendo automóvel, terá sua vida abreviada em favor do conforto alheio. Não é dramaticidade barata. A situação é dramática e ninguém quer falar dela. A solução começa pela conscientização do problema. Nosso maior problema atual é a desinformação. Basta pensar no escândalo da Wolksvagen. Antes, duas palavras sobre conscientização ambiental. Todos acompanhamos a história do senhor simples de uma cidade satélite de Brasília. Ele retirou a casca de uma árvore para fazer chá para a mulher doente e estava preso havia trinta dias quando alguém chamou a imprensa e conseguiu a custo uma liberdade provisória; o senhor saiu chorando de vergonha por ter estado numa cadeia e pedia pelo amor de Deus que sua esposa nunca ficasse sabendo que ele não iria aguentar a vergonha. É proibido retirar casca de árvore silvestre, ignorar a lei não é desculpa, mas...

A Volks, para ganhar milhões a mais e lograr adversários, usou um dispositivo eletrônico nos veículos que ludibriava o medidor oficial e espalhava veneno na rua. Ninguém foi preso. A demissão do presidente da companhia não é nada; ele ainda deve ter saído com uma indenização. Aliás, seria uma boa hora para a empresa pagar os crimes de guerra em que esteve envolvida. Usar um dispositivo para emitir veneno na atmosfera sem ser flagrado é crime hediondo. São esses que querem vir controlar nossa Amazônia?

Bem, se o homem construiu máquinas como os veículos automotores, por exemplo, que transformam oxigênio em gás carbônico, a natureza construiu máquinas que fazem o oposto, transformam gás carbônico em oxigênio. Mais que tudo, as árvores são sinônimo de qualidade de vida. Uma árvore adulta consegue absorver em torno de 22 kg de gás carbônico por ano e produzir oxigênio suficiente para a respiração de dois seres humanos adultos. Além disso, segundo Vincent Cotrone, do Massachusetts Department of Conservation and Recreation, as árvores possuem capacidade de absorver entre 55 e 109 quilos de gases poluentes como o dióxido de enxofre, oriundos da queima do carvão; os óxidos nitrosos, provenientes dos escapamentos de carros e caminhões; e partículas poluentes vindas, principalmente, do diesel. Zonas urbanas arborizadas possuem 60% menos de partículas de poluição, de acordo com o mesmo órgão. Apenas uma árvore consegue absorver mais de três mil litros de água de chuva, diminuindo a contaminação de lençóis freáticos e mananciais em 7%, reduzindo também o gasto de impostos com tratamento de água, segundo o *US Department of Agriculture*.

Finalmente, áreas arborizadas reduzem a poluição e valorizam-se porque melhoram a estética da região e a qualidade de vida de seus habitantes. Não é por outro motivo que temos capitais tão bem arborizadas. Há outras mais arborizadas, mas seria injusto dizer que São Paulo não tenha feito sua lição de casa nesse sentido, ainda que se possa fazer muito mais e devemos continuar cobrando nossas autoridades nesse sentido. Como cidadãos, também temos de fazer nossa parte.

Não podemos, contudo, querer que as coisas se resolvam com utopias. Se quisermos compensar toda a poluição que produzimos apenas plantando árvores, teremos de remover prédios e ruas. Ou, alternativamente, restringir o direito de circulação das pessoas. Mas não estamos aqui para propor sandices. Se não há solução mágica, há solução possível. Bosques ambulantes. Não tem como plantar tantas árvores quantas seriam necessárias para neutralizar os poluentes emitidos pelos canos de descargas de São Paulo. Não tem como cercear o direito de circulação da sociedade, de ir à escola, ao trabalho. Resta-nos equacionar, racionalizar esse transporte. Como? Só há um transporte urbano que polui quatro vezes menos, além de custar menos: o trem. Aliás, diga-se, não fossem as linhas instaladas, responsável pelo transporte três milhões de passageiros por dia, o ar de São Paulo seria letal à maioria das pessoas.

Muita coisa está mudando para melhor. O advento da ciclovia, não obstante os problemas, é um avanço muito importante. A redução da velocidade influencia na segurança, mas ajuda também nas emissões. Precisamos repensar, colocar realmente em discussão se faz sentido colocarmos em marcha uma tonelada para movimentar um único corpo de 70 kg ou menos; se faz sentido mil pessoas "engarrafadas" porque quatro mil lugares estão vazios ao lado delas, em seus próprios veículos, que, juntos, pesam um milhão de kg. Com menos carros nas ruas, o tráfego torna-se mais racional e menos violento, a poluição diminui e sobra espaço para mais árvores.

Numa composição de trens, esse cenário é possível, com redução a um quarto das emissões atuais. Neste sentido, uma composição de trens é um bosque ambulante. Vamos passear no bosque, no centro da cidade?

Março de 2016

OS TRILHOS QUE QUEREMOS

Tive, nos bons tempos de faculdade, um grande professor chamado Jorge Albuquerque. Ele tinha um bordão: "É pela repetição que se aprende". Gostaria de relembrar tudo que aprendi com ele a partir de seu velho bordão. Pois bem, os grandes homens são difíceis de imitar. Não podendo imitá-los na profundidade de conhecimento e de talento, imitamos no que podemos, como no estilo do bigode, no cacoete da mão na testa etc.

Do saudoso professor, na incapacidade de representá-lo no que ele tinha de maior, imito no teor do bordão. Por isso, repito: o trem emite apenas um quarto dos gases de efeito estufa quando comparado ao transporte rodoviário; o frete do trem custa apenas um sexto do frete do caminhão; o trem salva vidas, seja pela diminuição de caminhões nas estradas, seja pela diminuição da poluição cancerígena das cidades. O trem é barato, o trem é limpo.

Na Rússia, os caminhões transportam apenas 8% das cargas. Contudo, por razões diversas, alguns inconfessáveis, no Brasil 68% das cargas são transportadas sobre pneus. Neste contexto, o investimento em ferrovias em nosso país tem uma urgência e uma importância ímpar. Todos os países precisam e merecem, mas no Brasil isso tornou-se uma questão de vida ou morte, para a nossa competitividade internacional e o barateamento do feijão na mesa do trabalhador. Lembramos: a depender da época, os produtos não perecíveis da cesta básica poderiam custar até metade do preço se tivéssemos trens.

Os investimentos a que nos referimos devem ser direcionados para implantação de novas linhas e, dada a urgência – sejam linhas privadas, consorciadas com o poder público ou públicas mesmo –, mais do que bem-vindas, todas são necessárias. A necessidade de investimento, todavia, extrapola a implantação de ferrovias. É muito importante o investimento em tecnologia para que as ferrovias existentes sejam mais bem aproveitadas. Foi o que concluiu a MRS Logística, em operação desde junho de 2013 com um sistema de CBTC – o mais moderno para o controle de trens, o mesmo usado nos metrôs.

A MRS é a primeira empresa ferroviária de carga do mundo a usar esse sistema. Foram R$ 1,5 bilhão de investimentos entre 2010 e 2013. Cem, dos 356 km da ferrovia operada pela MRS Logística, já se valem do CBTC, que amplia a capacidade de transporte porque integra, com comunicação via radiofrequência, dados da locomotiva, do sistema de sinalização e do centro de controle. As locomotivas passam a "conversar" entre si.

Com a modernização da sinalização e do centro de controle, a MRS reduziu a distância média entre as composições de nove km para três km. Como cada composição (composta por 134 vagões) transporta 16 mil toneladas de peso, o aumento do total transportado sobre a mesma infraestrutura pode até triplicar.

Essa solução precisa migrar para outros trechos, pois representará um bem à nação inteira, merecedora e necessitada de uma atenção como essa.

A necessidade de investimento, entretanto, extrapola a implantação de ferrovias. É necessário que haja, em primeiro lugar, a volta das ferrovias prontas e inoperantes. É preciso que a malha ferroviária abandonada volte à ativa. É fundamental restituir ao povo o que ele financiou e tem o direito de desfrutar.

Em São Paulo, são inúmeros os exemplos desanimadores.

São estações simplesmente abandonadas, outras entregues a usuários de crack, como a de Bauru, e algumas poucas com outros usos, como o funcionamento de órgãos municipais ou casas de cultura e afins. Enquanto isso, o povo paga muito mais pela própria locomoção e pelos produtos que consome por ter de se valer da via rodoviária, seis vezes mais cara, quatro vezes mais poluente e extremamente mais perigosa. Sem contar que a viagem de trem explora caminhos mais bonitos, já que, ao contrário da rodovia, não estimula o povoamento ao longo de sua extensão.

Além da reativação de trilhos abandonados por alegações diversas, é necessário que haja uma manutenção adequada dos trilhos em operação. Está eloquente que o Estado brasileiro não consegue arcar com os investimentos necessários. As PPPs e as concessões são necessárias, não discutimos isso, mas o tratamento que uma empresa do porte da ALL vem dando aos trechos em que opera são alarmantes. Nem é necessário lembrar-se de trem desabando por falta de manutenção no viaduto, como aconteceu no Paraná, nem as reiteradas reclamações de seus clientes, como a Cosan, que, entre outras atividades, opera o maior porto da América Latina, o Porto de Santos. Nem é necessário rememorar que, na Argentina, a ALL perdeu a concessão dos 10 mil km que operava: a questão é visual, iconográfica até.

As concessões são necessárias. Porém, precisam ser feitas de modo responsável, com contrapartida equitativa. Não é possível que uma empresa explore negativamente as ferrovias resultantes de mais de cem anos de esforços públicos. Explorar economicamente, sim. Entretanto, explorar no sentido de sucatear, visando exclusivamente os próprios interesses de caixa, é um crime contra a história das ferrovias e do Brasil.

Janeiro de 2014

ESTÁ PROVADO, TREM AMADO

A sensação empírica da aceitação do trem é unânime desde antes do início do sucateamento do trem no Brasil. O surgimento da FerroFrente, inclusive, se deu pela conjunção de indivíduos das mais diferentes regiões do Brasil e dos mais diversos extratos sociais que comungavam extrema empatia pelo trem, seja por razões lógicas, econômicas e ambientais, ou por aquela nostalgia provocada pelo trem, talvez por evocar também o passado e a ancestralidade nossa.

A partir de reuniões da FerroFrente, decidimos contratar a empresa Interativa Pesquisas, idônea, para a condução de um estudo científico acerca deste empirismo. A primeira questão que se ergueu foi a amostragem. Por um lado, seria conveniente uma pesquisa de abrangência nacional. Porém, fomos alertados pelo pesquisador responsável de que, quanto mais estendêssemos os limites geográficos, mais débil tenderia a ser o resultado. Pensou-se que a pesquisa não ultrapassaria os limites do estado de São Paulo. Então, surgiu a ideia de pesquisarmos as cidades do interior que perderam o trem. Tal pesquisa seria tendenciosa, ensinou-nos novamente o pesquisador, pois nessas cidades haveria uma tendência de haver mais pessoas simplesmente saudosas ou mesmo prejudicadas pelo desaparecimento desse meio de transporte e desenvolvimento. Acatamos de pronto o argumento e sugerimos que encontrássemos uma única cidade (para assim ter maior assertividade no resultado), mas que fosse, ao contrário daquelas que perderam o trem, um local que, por suposto, teria motivos para ter aversão a esse meio de locomoção de carga e pessoas.

Dado o desprestígio com que tem sido tratado pelo poder público, mais de olho no desvio que no caminho, escolheu-se Guarulhos. Explico. Guarulhos, com um milhão e trezentos mil habitantes, é uma cidade que tem um dos maiores percentuais de usuários do trem, mas não o trem luxuoso, com ar condicionado e visão panorâmica de paisagens bucólicas. Ao contrário, o usuário frequenta trens lotados, que trafegam por regiões inóspitas.

O objetivo foi avaliar a aceitação das ferrovias na cidade. O método de coleta de dados foi o de entrevistas presenciais domiciliares mediante a aplicação de questionário estruturado. Foram 400 entrevistas, realizadas em março de 2014 e distribuídas proporcionalmente, o que deu uma margem de erro de apenas 5%, com intervalo de confiança de 95%. As principais questões (e respostas) apresentadas foram:

O(a) Sr(a) acha que haveria alguma vantagem para sua região se o governo investisse mais em trens e ferrovias?

88% dos homens e 85% das mulheres responderam sim. Entre as pessoas de 35 a 44 anos de idade, 94% responderam apontando a vantagem. Quanto à escolaridade, quanto mais escolaridade, maior o percentual de pessoas que viam vantagens nesse investimento, indo de 50% entre os analfabetos a 89% tanto entre aqueles que haviam concluído o Ensino Médio, quanto aqueles que haviam concluído algum curso superior.

O Governo deve usar os trens: 1. Somente para transporte de cargas; 2. Somente para transporte de pessoas; 3. Tanto para transporte de pessoas como de cargas?

Apenas 1 % responderam que devia ser apenas para cargas, enquanto 33% responderam que somente para passageiros; 66% escolheram a opção 3, para passageiros e cargas.

As ferrovias podem ajudar a combater a poluição nas grandes cidades? 82% disseram que sim, poderia ajudar; 15 % acharam que não; e 3% disseram não saber.

É melhor transportar cargas em trens do que em caminhões?

85% disseram sim; 13%, não. 2% afirmaram não ter opinião a esse respeito.

Se o governo investisse em ferrovias iria ajudar a economia das cidades do interior?

91% dos entrevistados disseram sim. Para 7%, isso não ajudaria. 2% disseram não saber.

Muitas cidades em São Paulo só se desenvolveram graças às ferrovias? 89% responderam sim, que muitas cidades só "foram pra frente" graças à ferrovia. Para 8%, isso não é verdadeiro. 3% abstiveram-se de responder.

Você e sua família se sentiriam beneficiados financeiramente com a volta das ferrovias para cidade?

73% responderam que sim. 20% disseram não. 6% não tiveram opinião a esse respeito.

A presente pesquisa, conduzida dentro de parâmetros científicos, patenteou aquilo que sabíamos de maneira empírica: o brasileiro gosta de trem e está consciente da emergência do problema estrutural e de quanto a falta de investimentos, a terceirização mal-feita e o descaso geral prejudica a cada um de nós.

Abril de 2014

UM GOVERNO À DERIVA ARRASTA CONSIGO O PAÍS

Desde a juventude fui idealista e, como tal, era inevitável uma simpatia ao nosso primeiro partido a emergir das bases, o PT. Mesmo ligado a outras legendas, sempre nutri simpatia por esse partido, do qual nunca fui parte. Assim, quando o nosso torneiro mecânico mais notável alcançou o cargo máximo da república, não pude deixar de rejubilar por mim e pelo país.

O primeiro momento do governo Lula foi duro, um ano de ajustes econômicos. O segundo ano despontou e o otimismo começava a grassar. Contudo, logo no terceiro ano, devido à denúncia de um parlamentar, vimos que a base ampla que sustentava aquele governo estava envolvida em corrupção.

Era o Mensalão.

A incrível empatia pessoal daquele presidente – bem como o cenário interno e, principalmente, externo favorável – fez com que, apesar das denúncias que pesavam contra si e seu partido, Lula não só se reelegesse como catapultasse a ministra que lhe havia sobrado ilibada (visto que Palocci e Dirceu haviam caído em desgraça pública) à sua sucessão. Apesar de o primeiro governo Dilma ter conseguido manter os programas sociais implantados pelo governo anterior, as taxas decrescentes de crescimento econômico e um sem número de ministros envolvidos em denúncias desde os primeiros meses de governo, entre outros, mostravam que os resultados não seriam mais os mesmos do governo Lula. Mesmo assim, a duras penas e por pequena margem de votos foi reconduzida ao cargo que ora exerce.

Iniciado o terceiro mês desse novo mandato, o governo Dilma 2 dá sinais de ter acabado antes mesmo de começar. Batida pelo turbilhão da crise econômica, a presidenta perdeu, de fato, o poder, exercido pelos dois primeiros-ministros informais, a saber, Joaquim Levy, que manda na economia, e Eduardo Cunha, que arquiteta a política com fita crepe de má qualidade.

Com isso, e por causa da Operação Lava-Jato, tanto na oposição, quanto entre setores da base aliada e, sobretudo, nas ruas, o desejo de alcançar seu impedimento só faz crescer. Para o dia 15 de março está prevista uma nova intifada em favor do impeachment. Neste dia que escrevo, 8 de março, rufam os tambores na contagem regressiva, como no circo rufam antes do alto da trapezista. Cairá em pé? Ao contrário do Paraguai, no Brasil o impedimento do mandatário depende não somente da vontade do Congresso, mas da evidência de crime por parte do Chefe da Nação. Nos sistemas parlamentares, um voto de desconfiança do Parlamento é suficiente para derrubar o gabinete governamental, com seu chefe de Estado, provocando eleições antecipadas.

Há que se agir com cautela, pois trata-se de um momento crítico, em que não podemos nos deixar levar pela euforia. Por um lado, devemos cobrar que tudo seja apurado e que o rigor da lei seja equânime, punindo a todos os culpados. Romper o contrato social faria o Brasil retroceder do estatuto de moderna democracia ao de uma democracia oligárquica, típica das piores regiões da América Latina e da África. O pior dos mundos. Dilma vai passar, cedo ou tarde. Ela não vale o preço da redução do Brasil a um país nessas condições.

Feita a ressalva, é preciso destacar que não são golpistas os cidadãos que fazem circular a tese do impeachment. Se não estiver diretamente ligada, Dilma Rousseff é íntima e governa com acusados formalmente de crimes (dos quais as evidências gritam e as provas já estão nos autos), e Lula lança prematuramente sua candidatura para 2018.

Tudo isso faz a classe mais produtiva e esclarecida aperceber-se enredada, impotente diante de um partido que tem se revelado um dos mais corruptos da nossa história, instalado no poder de forma quase irreversível, dada a estratégia que detém com a maioria menos favorecida, o que tem garantido sucessivos mandatos.

Diante de uma presidente incapaz de esboçar reação, os partidos oposicionistas parecem aguardar uma decisão das ruas. Eis nosso real flagelo: a oposição não tem plano de governo diferente do plano do atual governo e, ainda que menos diretamente, também está envolvida nesses desvios.

A arrogância ideológica e a inoperância gerencial do atual governo põe em risco a governabilidade e o país como um todo. Há, contudo, uma parcela responsável do Congresso que se recebesse a força política do terceiro setor e das ruas poderia liderar um governo transitório de união nacional. O Brasil precisa enfrentar a crise econômica, definir investimentos, restaurar a credibilidade e resgatar a administração pública das quadrilhas político-empresariais que a sequestraram.

Se, cega e surda, a presidente prefere persistir no erro, mas não for possível lhe imputar crime que a leve ao impeachment, resta-nos ir às ruas apontar-lhe a alternativa da renúncia, com a consequente antecipação das eleições. Janot concluiu a inexistência de indícios que justifiquem investigação sobre a presidente da República no âmbito da operação Lava Jato, assim como se negou a sugerir ao Supremo Tribunal Federal inquérito sobre o senador Aécio Neves. Dilma e Aécio não estão incluídos na lista encaminhada pelo procurador ao STF, solicitando que políticos sejam investigados. Tudo faz crer que isso resulta de um acordo, mesmo que em nome da estabilidade do país.

Não suponho que a convicção de Janot fará com que uma só pessoa disposta a comparecer aos protestos pró-impeachment, em 15 de março, mude de ideia. Tais opositores eram contra Dilma antes da eleição e continuam o sendo agora. Quando o MDB de guerra virou o PMDB, numa jogada da ditadura, e começou a literalmente cair de podre e montado no poder em tempos de Sarney, os melhores membros do partido se uniram e fundaram outro, muito melhor à época: o PSDB. A história levou ao poder o PSDB e, uma vez no poder, em grande parte corrompeu-se como o partido de origem, o PMDB. Ficou a lição.

Hoje precisamos de um novo partido, não mais um daqueles nanicos e prostituídos, que nascem para servir aos grandes, mas de um partido que nasça grande, com o melhor que há entre nossos políticos, porque, sim, há bons políticos.

Novembro de 2015

POR UMA LOGÍSTICA LÓGICA

Nunca como nesta esta hora o Brasil precisa de soluções novas, criativas, planejadas e estruturantes, capazes de atrair investimentos para equacionar nossos principais problemas de logística, tanto de cargas, como de transporte de passageiros. Não somente isso.

O país precisa sair do desânimo atual e voltar a crescer de forma sustentável, com a infraestrutura bem organizada, fundamental para o desenvolvimento econômico. Sem isso, as empresas não conseguem desenvolver adequadamente seus negócios, os produtos encarecem no mercado interno (prejudicando os consumidores) e no mercado externo (afetando as exportações), uma vez que muitos de nossos concorrentes têm custos menores e mais competitivos em virtude de uma logística mais eficiente.

A cidade de São Paulo é um bom exemplo desse desafio. A capital transporta de ônibus, sozinha, todos os dias, o equivalente a toda a população do Paraná, ou seja, mais de dez milhões de pessoas por dia. Se considerarmos os três milhões de passageiros por dia nos trens da CPTM e mais quatro milhões no metrô, temos uma dimensão do tamanho da dificuldade.

É necessária uma visão crítica e ampla dos entraves da nossa infraestrutura, extremamente concentrada no modal rodoviário (composto por estradas ruins), e poucas ferrovias e hidrovias. E nós, especialistas em logística, temos o dever de apresentar soluções específicas para projetar, organizar e gerenciar de forma eficaz o sistema nacional de transportes de cargas e passageiros. Nossa matriz é altamente desequilibrada, predominando o transporte rodoviário, responsável pelo transporte de cerca de 80% das cargas nacionais. Na Rússia, por exemplo, um país-continente como o nosso e com uma economia de tamanho semelhante, 80% das cargas são transportadas sobre trilhos. Essa é uma das mais importantes variáveis do elevado custo Brasil, que torna o país o menos competitivo no mercado internacional.

Em nosso país, algumas estimativas indicam que centenas de bilhões de reais de excesso de estoque são mantidos por empresas brasileiras ao longo das nossas cadeias produtivas como forma de protegerem-se da ineficiência do transporte, em função dos atrasos, acidentes e roubos de carga. Evidentemente, um setor de transportes mais confiável e eficiente ajudará na redução considerável deste valor, que poderia ser reinvestido em atividades produtivas e no próprio sistema de transportes de cargas, gerando empregos e riqueza. O mesmo raciocínio vale para o transporte de pessoas, dados os prejuízos pessoais no trânsito, com horas perdidas todos os dias nos deslocamentos de casa ao trabalho e vice-versa, fator de queda na produtividade funcional e gerador de poluição, aquecimento global e custos de saúde. Recentemente, nosso país perdeu mais uma posição no

Ranking Global de Competitividade, divulgado pelo Fórum

Econômico Mundial (WEF). Ocupa agora a 57ª posição (em 2012, estava na 48ª) e tem sido um dos países que mais perderam competitividade nos últimos anos. No quesito infraestrutura, estamos ainda pior: ocupamos a 76ª posição. Tivemos um resultado especialmente ruim em Qualidade de

Estradas (122º), dos Portos (122º), das Ferrovias (95º) e do Transporte Aéreo (113º). Tudo isso porque falta interesse político e noção de Estado, fundamentais à lógica em nossa logística.

Julho de 2015

NÃO É POR ACASO

O IBM Commuter Pain Index – índice de sofrimento do viajante habitual, em tradução livre –, entrevistou 8.200 passageiros em vinte metrópoles do mundo, entre elas São Paulo. Segundo essa pesquisa, os usuários de todas as cidades pesquisadas alegam que o trânsito tem piorado. Ainda: São Paulo é a sexta pior cidade para se transitar no mundo.

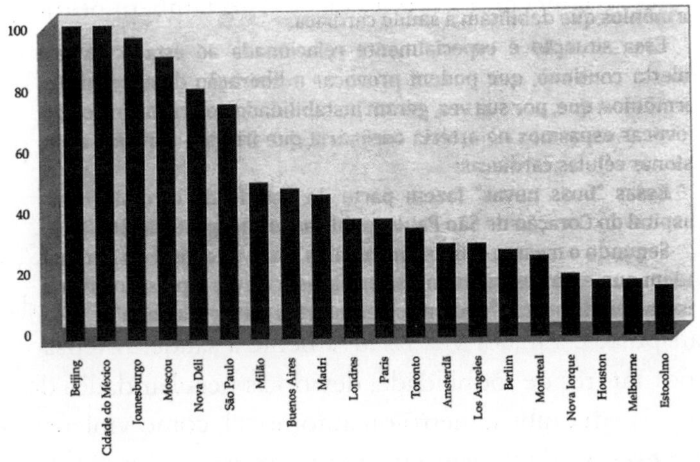

É alto o número de paulistas que se proporiam a trabalhar mais tempo se pudessem ver reduzido o tempo de deslocamento para o trabalho. Muitas vezes, o período dentro do ônibus é mais estressante e desgastante do que todo o período de trabalho. De qualquer forma, começa-se a trabalhar ao sair-se de casa, algo reconhecido inclusive pelo INSS. O trabalho, concordo com outros especialistas, tem momentos ruins, mas é motivante e tem momentos bons. algo praticamente impensável no deslocamento em São Paulo, eterna congestionada. Esse aspecto ganha importância tal que entra diretamente na análise da qualidade de vida: quanto mais perto do trabalho se more, maior será a qualidade de vida do indivíduo. Não obstante, de acordo com dados da Bossa São Paulo/Ibope, o paulistano gasta em média 2h42 por dia no trânsito, em deslocamentos para trabalhar, estudar ou se divertir.

O processo de industrialização em São Paulo se consolidou nas décadas de 1950 e 1960 e promoveu uma concentração urbana acelerada, gerando todos os tipos de problemas, sendo que um dos maiores se concentra na mobilidade. Isto também porque, além da aludida explosão demográfica, São Paulo conurbou-se com as cidades próximas.

A opção rodoviarista foi a pá de cal em qualquer expectativa para a solução do problema da mobilidade à época. O metrô veio tarde, depois do milagre econômico do início dos anos 1970, quando a capacidade de investimento estava exaurida. Quanto à saúde, importa destacar que nem sempre a poluição provocada pelo transporte é a maior vilã relativamente à saúde. A tensão gerada por fatores de mobilidade, devido às peculiaridades do trânsito. seja em ônibus, metrô ou automóvel, como violência, estresse e excesso de trabalho (vez que o percurso é parte do período de trabalho) causam aumento da pressão arterial e liberação de hormônios que debilitam a saúde cardíaca.

Essa situação é especialmente relacionada ao estado de tensão e alerta contínuo, que podem provocar a liberação de altos níveis de hormônios, geradores de instabilidade no organismo e causadores de espasmos na artéria coronária que irriga o coração, além de lesionar células cardíacas. Essas "boas novas" fazem parte do estudo de cardiologistas do Hospital do Coração de São Paulo, publicadas em agosto de 2013. Segundo o mesmo estudo, hormônios como o cortisol e a adrenalina podem aumentar os batimentos cardíacos e elevar a pressão arterial. Pessoas predispostas diante desse quadro podem sofrer infartos e até vir a óbito.

Esse cenário poderia ser menos tétrico se priorizássemos o transporte público sobre o transporte individual, e o transporte sobre trilhos ao rodoviário. As zonas de pedágio urbano e investimentos prioritários em metrô e trens urbanos teriam esse condão. Acresce que quem usa ônibus ou metrô anda em média entre 8 e 25 minutos a mais que quem se vale de automóvel por dia. Isso em um contexto em que os carros são responsáveis por até 90% da poluição do ar. Triste inversão do destino. Ou má gestão e irresponsabilidade pública?

Agosto de 2015

OUTORGUE-SE À OUTORGA

A crise política catapultada em aumentativos, como Mensalão e Petrolão, gerou uma crise econômica sem precedentes em tempos de Real (o próprio Banco Central já especula inflação de 9% e recessão de 1,1% para este ano) e esta, liada ao encolhimento da receita (segundo a Receita o país está recolhendo o mesmo que recolhia há doze anos), gerou a necessidade de caixa, a antessala dos ínferos.

Neste estado de coisas, prende-se os suspeitos do costume. A primeira rodada foi de cortes. E o que se viu foi cortar mais nos Ministérios menos fortificados pelo arranjo político da coalizão governamental, não importando se, para isso, sobrasse um corte na jugular da Educação e da Saúde. O segundo momento foi o de aplacar a fome do leão, ou seja, encontrar maneira de aumentar a arrecadação. Arrecadar e continuar arrecadando para salvar a crise que criamos, não importando o quão nefastos são os efeitos futuros (e iminentes) dessa verdadeira delinquência legal, afinal, a responsabilidade fiscal ameaça e as pedaladas já estão na mira do TCU.

Ácida a antessala freme, regurgita a esmo, mas também tem endereço essa expectoração. Na falta de ideias novas, lança-se mão das velhas, aquelas usadas pela oposição, que todos dessa antessala criticamos tanto: a privatização. Se falarmos em vender o Banco do Brasil ou a Petrobras, em meio a essa crise, as ruas nos depõem, é certo. Vamos vender as ferrovias! Gritou-se na última fila e não demorou para entoar-se o coro. De fato, a ferrovia barateia o transporte tanto de commodities como de alimentos da cesta básica, aumenta nossa capacidade concorrencial externa e diminui os preços internos, coloca mais arroz e mais feijão na mesa do trabalhador, além de poluir muito menos, diminuir acidentes, entre outros. Mas quem sabe disso? Quem vai gritar?

Ninguém.

Segundo pesquisa da FerroFrente, 90% dos brasileiros são simpáticos à volta dos trens. Sim, são simpáticos, entendem a necessidade dele, mas não são organizados, não batem panela na janela. Ótimo!, gritaram, em uníssono, levianos e mercadantes. E, assim, todo avanço no sentido de instituir no Brasil o modelo *Open Acess* (obrigatório em toda a comunidade europeia), no qual a livre concorrência entre empresas que cumprissem os requisitos imporia melhores preços, foi jogado por terra. Um canetaço nos devolveu ao submundo da outorga, em que estradas têm donos, com direito a uso exclusivo por vinte, trinta anos.

Se temos rodovias pedagiadas que, por assim dizer, tem dono, basta que paguemos o pedágio e temos o direito de utilizá-la. No sistema de outorga, o concessionário devolve aos cofres públicos parte do que estes investiram e torna-se absoluto no trecho, só ele mesmo trafega, ou quem ele bem entender. Como acontece hoje com a ALL, Cosan e VLI. Senão, vejamos. O trecho é desapropriado compulsoriamente, por tratar-se de interesse público, depois resta em mãos privadas, nas mais das vezes estrangeiras, inclusive. O pior é que essa mudança agora depende de decisões em audiências públicas para depois serem levadas à apreciação do TCU. O governo admite que isso leva ao menos um ano. Nossa experiência afere que demora muito mais, de três a quatro anos. Segundo a própria Valec (que investiu na Norte-Sul até agora R$ 24 bilhões), o prejuízo com cargas que deixam de ser transportadas nessa ferrovia, além de impostos não arrecadados, chegam a R$ 36 bilhões a cada ano. Em troca desse anel (representado pela arrecadação da outorga ferroviária) entregam-se os dedos todos, inclusive o opositor.

Julho de 2015

O AVESSO DO AVESSO DO DESENVOLVIMENTO

São muitos os erros da administração pública federal referentes à Ferrovia Norte-Sul, a EF-151. A imprensa tem exercido seu papel, apontando os problemas, alguns grosseiros, como a exclusão (esquecimento?) da FIOL e do FerroAnel do pacote de concessões anunciado em junho de 2015.

A FIOL (Ferrovia da Integração Oeste-Leste), também conhecida como EF 334, com extensão de 1.527 km, liga Ilhéus, na Bahia, à Ferrovia Norte-Sul. Já o FerroAnel, com mais de 120 km, une as principais ferrovias que cortam a região metropolitana de São Paulo, de suma importância logística, tanto em cargas, quanto em passageiros.

O esquecimento expõe o grau de atrapalho do governo, que, diga-se, faturou com diversas inaugurações nesses trechos, e a falta de centralidade na administração ferroviária, costurada por vários Ministérios que não se entendem e lutam entre si, neutralizando forças e investimentos.

Muito bem. Como dissemos, a imprensa investigativa, especialmente a grande imprensa, tem interpretado muito bem o seu papel nesta e noutras questões adjacentes. Contudo, recentemente assistimos a um desempenho, digamos, mais canastrão dessa mesma imprensa quando se refere à falta de grãos na chamada FerroGrão, uma ferrovia que ligará Miritituba, no Pará, a Lucas do Rio Verde, no Mato Grosso. Levantamentos das últimas safras têm apontado que a produção local vai ocupar algo como um quarto ou um quinto da capacidade de transporte da via. Realmente, com tanta carência ferroviária, há que sopesar tudo na escolha dos trechos, até para não repetir o erro histórico das ferrovias brasileiras que, no século passado e antepassado, ligavam as fazendas aos portos. Com a quebra da bolsa de 1929, sobreveio a queda do comércio internacional do café e o posterior obsoletismo absoluto. São, portanto, pertinazes as preocupações nesse sentido. Porém, há outros fundamentos que sequer estão sendo apontadas, quanto menos analisados.

O Brasil, como todos os países sub e em desenvolvimento, sempre está um passo atrás em matéria de planejamento. O exemplo clássico é o da favela. Primeiro chegam as pessoas para depois chegar a infraestrutura. Mas, convenhamos, a favela é um exemplo atípico, até porque nem sempre é fácil adivinhar onde e quando surgirá a próxima, algo bem distinto da produção agrícola.

Por meio de técnicas de geoprocessamento é perfeitamente viável e aconselhável mensurar a capacidade produtiva atual e futura de uma região. Ora, a imprensa tem apontado tão simplesmente a produção atual, de difícil escoagem e custos desanimadores.

Não por acaso, o recém-falecido Olacyr de Moraes, rei da soja, nos idos de 1980 pôs-se a construir sozinho uma ferrovia que ligasse sua lavoura ao porto de Santos. Custou-lhe o patrimônio devido ao investimento público auxiliar prometido, mas que nunca chegou. Não obstante, não se precisa ter a visão empresarial impressionante de um Olacyr de Moraes para compreender que produção e infraestrutura formam um só elo de um projeto. Um país que arrecada ao redor de 2,6 trilhões de reais pode reservar dez bilhões para um projeto que, no médio prazo, devolverá em triplo ou em quádruplo, via geração de nova arrecadação. Além do mais, isso não se faz com dinheiro à vista. Há muito capital no exterior para financiar obras desta magnitude. E, pagando no pingado, o próprio fomento gerado pela ferrovia pode fechar essa conta em poucos anos.

Importante: não se pretende atingir uma conclusão definitiva quanto ao caso específico, e sim apontar para o modelo de abordagem do problema, geralmente feito pelo avesso, ou pelo avesso do avesso.

Julho de 2015

USO TEMÁTICO NA PROPAGANDA ELEITORAL

Apresentação

Neste livro, foram reunidos os artigos sobre a caótica logística brasileira, excludente no que tange ao transporte sobre trilhos. Para que essa realidade se inverta, é necessário, em primeiro lugar, que os próprios cidadãos tomem consciência da situação e cobrem seus governantes. Em segundo lugar, é necessário que os próprios governantes se antecipem e tomem ações.

Por meio do estudo de autores especializados e da assistência das aulas e desenvolvimento de trabalhos acadêmicos, foi possível compreender os meandros que obstam e os que alavancam o desenvolvimento nacional no setor ferroviário. No contexto dos trabalhos produzidos, um deles foi apresentado no sentido de mostrar o quanto de eleitores poderia impressionar um candidato que abraçasse a nossa causa. Como esse foi o objetivo precípuo da formação na matéria, entende-se como salutar publicar esse estudo e, quiçá, por meio dele, atrair mais políticos para esse assunto de fundamental importância para o desenvolvimento econômico e, principalmente, social de toda uma nação. Assim, eis o conteúdo do estudo:

Resumo

O presente estudo é dedicado ao exame de aspectos da propaganda eleitoral temática quando vinculada à questão do trem, pesquisando o quanto este tema pode afetar positivamente o eleitorado em favor do candidato cujo nome se associa à temática em tela. Tomando por base estudos de teóricos como Berelson, Lazarsfeld e McPhee, que ressaltam o perfil crítico e ativo, antes que meramente passivo, do eleitorado em face da propaganda eleitoral, visa-se mostrar que a disposição favorável, indicada por pesquisas recentes da opinião pública em face da temática do trem, favorece ao crivo dos eleitores os candidatos que têm seu nome positivamente associado àquela temática. Visa-se mostrar também que os dividendos eleitorais desses candidatos são robustecidos por um segundo fator, acerca do desgaste, junto ao eleitorado, de propagandas voltadas para temas repisados pela grande maioria dos candidatos, sobretudo se aí as soluções propostas são igualmente repisadas ou avaliadas vagas ou irrealizáveis pelo eleitorado. Conclui-se, a partir dessa análise, que a propaganda eleitoral centrada na temática do trem, desde que apresente propostas avaliadas exequíveis pelo eleitorado, pode se constituir um fator decisivo para o sucesso de um pleito eleitoral.

Introdução

O presente estudo visa a buscar comprovar que o uso do tema ferrovias na propaganda eleitoral tem o condão de incitar o debate pela busca da melhoria do transporte, tanto de cargas quanto de pessoas, nas (e entre as) cidades, considerando que o uso da ferrovia promove o barateamento na movimentação de cargas e pessoas, vez que, segundo pesquisa publicada pelo renomado Instituto ILOS (2013), o custo do transporte ferroviário, quando comparado com o rodoviário, é de apenas um sexto do valor daquele. Essa realidade, por sua vez, mostra a potencialidade desse modal tanto na redução do custo de deslocamento de pessoas em geral e, principalmente, da casa ao trabalho e o encolhimento geral dos preços, em especial o dos alimentos da cesta básica, que no nosso país-continente viajam expressivas distâncias. Outra importante questão atada a esse barateamento é sensível à situação em geral denominada "custo Brasil", do qual o transporte é grande e crescente parte. Com a volta dos investimentos em ferrovias – vez que no século 19 estávamos *pari passu* com as melhores tecnologias da Europa – a nossa macroeconomia seria diretamente beneficiada, visto que nossos produtos ganhariam uma competitividade inaudita. Hoje, nossas condições naturais favoráveis, dadas as grandes extensões de produção, o sol abundante, a terra fértil, são neutralizadas no momento de levar da fazenda ao porto o colossal produto agroindustrial que produzimos. Apenas o transporte os têm encarecido em até quarenta por cento, enquanto nossos concorrentes mais diretos não chegam à metade dessa cota, como tivemos oportunidade de comprovar em nossa tese de doutoramento *Cenários Possíveis Para o Transporte de Açúcar e De Contêineres Para o Porto de Santos Visando à Redução das Emissões de Gases de Efeito Estufa*, de 2012.

Com os produtos industrializados (cada vez produzidos em regiões mais interioranas e desconcentradas) não é diferente. Os aspectos econômicos, contudo, são apenas a face mais lustrosa desse amplo poliedro de vantagens da utilização do meio ferroviário – não fosse assim, os países desenvolvidos ou em desenvolvimento não investiriam tanto no setor, como é notório.

Na Rússia, apenas oito por cento das cargas são transportadas sobre pneus, enquanto no Brasil ultrapassamos setenta por cento de cargas sobre pneus. Mas nem tudo, como dissemos, se resume a numerários. A emissão de gases de efeito estufa, por exemplo, que impõem o aquecimento global, e a poluição como um todo, são reduzidos a um quarto quando migramos do caminhão para o trem. Este quesito atinge desde o como somos vistos pelos demais países, até à degradação urbana e a saúde mesma dos cidadãos. Não há estudo conclusivo quanto a isso, mas, entre outras, parte das mortes por câncer de pulmão são devidas à doença adquirida como consequência da poluição urbana, naturalmente diminuída quando se intensifica o transporte sobre trilhos.

Os benefícios do transporte férreo gerados no trânsito e na mobilidade em geral não se restringem ao tétrico quadro de perdas de vidas. Em grandes cidades, como São Paulo, perde-se em média duas horas e quarenta minutos no ir e vir ao e do trabalho, motivo de estresse, de perigo à saúde e à vida, e razão de grande desperdício econômico. Computadas essas horas e multiplicadas pelo valor médio das horas trabalhadas, teremos mais de dez bilhões de reais de prejuízo por ano, e isso só na cidade de São Paulo. Nas outras grandes cidades não é diferente. Em composições de trens, o transporte não gera o estresse causado pela insegurança do trânsito no asfalto, e diminui os engarrafamentos deste, responsáveis por mais poluição e mais desperdício de horas, é dizer, desperdício de vida de pessoas.

Aliás, se for implantada essa logística adequada, essas horas poderão não somente se transformar em horas trabalhadas, gerando riqueza às pessoas e à nação, como melhorar a qualidade de vida de cada cidadão usuário do sistema de transportes público.

Neste contexto, pretende-se aqui abordar de forma sistemática o tema, per si de amplo espectro, mas que também interage com as áreas correlatas ao transporte e suas modalidades, com destaque à saúde, mobilidade, segurança no ir e vir, maior acesso aos alimentos e bens de consumo, áreas consagradas pelo discurso e pela realidade nacional como bandeiras eleitorais capazes de mudar favoravelmente os resultados das eleições.

Como principal referencial teórico nos concentraremos em *Despoluindo Sobre Trilhos*, de 2013, livro de minha autoria que acaba por se constituir em base *sui generis* para o estudo do assunto, dada a absoluta escassez bibliográfica a respeito.

Uso Temático na Propaganda Eleitoral

Ainda que seja expressiva a controvérsia na literatura internacional sobre o alcance e efeitos da propaganda política na produção dos resultados eleitorais, não há como negar os efeitos positivos de uma propaganda adequadamente conduzida. Contudo, na vontade do eleitor, inclinações ideológicas, bem como fatores socioeconômicos, psicológicos e processos históricos de mais longo prazo, concorrem para o resultado efetivo, relativizando assim o poder efetivo da propaganda em suas diversas vertentes. Quiçá seja mais apropriado dizer que condições históricas tanto inibem como exacerbam o efeito da propaganda, consolidando ou alterando vetores eleitorais pré-estabelecidos.

Estudos sobre a influência direta da comunicação e da propaganda política em processos eleitorais, realizados nas duas últimas décadas, apontam e consolidam algumas teorias sobre a não passividade dos eleitores, isto é, sobre as motivações psicológicas, políticas e econômicas destes no processo de aceitação, rejeição e influência na condução estratégica de campanhas eleitorais (Alonso et alii, 1992; Graber, 1993; Popkin, 1994).

Tendo como referência os estudos clássicos da ciência política sobre o comportamento eleitoral e os da comunicação e da propaganda política, verifica-se que a análise de processos eleitorais somente se completa quando esses são entendidos como um processo de comunicação política de duas vias, em que dois atores, a saber, candidatos e eleitores, dialogam e estabelecem um pacto fundamentado em uma troca de intenções: os eleitores querem que seus desejos, interesses e demandas sejam implementados e os políticos querem ser eleitos. Para a ciência política, isso significa retomar os trabalhos de

Berelson, Lazarsfeld e McPhee, especialmente: A Study of Opinion Formation in a Presidential Campaign (1954), pois é neste trabalho que primeiro se esboça uma teoria explicativa do diálogo entre campanhas eleitorais e eleitores. Mas, mesmo nesse caso, o foco central ainda é o comportamento reativo do eleitor às campanhas dos candidatos. Mais recentemente, quem chamou a atenção dos cientistas políticos para essa questão foi William H. Riker. Em seu último livro, *The Strategy of Rhetoric*, depois de nos mostrar o extraordinário acúmulo de conhecimentos disponíveis sobre o comportamento eleitoral e sobre o processo cognitivo dos eleitores, Riker destaca a ausência de teorias sobre o conteúdo retórico das campanhas, especialmente sobre as estratégias comunicativas e comportamentais dos candidatos.

Não cabe discutir se os motivos que produzem esse pacto são nobres ou espúrios. Esta questão é assunto para um outro debate sobre os atores políticos. Embora, segundo ele, existam boas descrições de campanhas em particular, estas não são fundadas em uma teoria, o que não nos permite acumular conhecimentos para explicar e, até mesmo, prescrever o que se "deve fazer".

No Brasil, dado o contexto multipartidário, a certeza do poder da propaganda, entre muitas outras coisas, produz um sem número de coligações de última hora, mesmo entre partidos com programas políticos e ideológicos diametralmente opostos, que, ao fim e ao cabo, visam à conquista de tempo na chamada propaganda eleitoral gratuita, veiculada pelos sistemas de tele e radiodifusão.

Por razões per si, que se fazem escusadas à explicação, na propaganda eleitoral e na propaganda pré-eleitoral, os candidatos procuram explorar os temas que em pesquisas prévias se mostraram mais sensíveis ao eleitorado, sendo que a precisão na escolha e abordagem dos temas tem o condão de decidir as eleições mais concorridas, ou seja, aquelas em que os percentuais de preferências estejam muito próximos. Os temas Segurança, Educação e Saúde formam a tríade do que há de mais fundamental nas obrigações do Estado brasileiro, e no mais, da maioria dos Estados democráticos (Aldé, 2004). Por isso, esses temas estão presentes em praticamente todas as campanhas, especialmente nas majoritárias (Albuquerque, 1995). Isto posto, saber distinguir e trabalhar na propaganda outros anseios menos óbvios pode fazer a diferença, tanto por atender mais amplamente aos desejos subjetivos do eleitorado (já que a campanha temática não abandona os temas centrais), quanto por dar mais espessura ao candidato e à candidatura, visto que o leque de questões que trabalha é mais amplo. E um excelente exemplo desses anseios menos óbvios é o tema sobre o qual vimos aqui discorrendo. A propaganda que evidencie esse tema, pelas razões abordadas, e mais especificamente pela chamada "saudade de não sei o quê" que a imagem do trem suscita, como se verá à frente.

O desejo da volta das ferrovias como vetor eleitoral

Como abordado acima, uma deficiência que aparece na análise da propaganda eleitoral do Brasil é a "monotemia", a abordagem exaustiva dos temas centrais, que em alguns casos mais tem eficácia em fazer bocejar o eleitor, que em o empolgar e atrair. A prolixidade temática, desde que adequada ao eleitor espectador e ouvinte (Aristóteles, em sua *Retórica*, ensina que tanto melhor é o retor quanto mais ele fale a linguagem da plateia que o ouve), é, por evidente, mais eficiente que a verborragia monotêmica, por conseguinte monótona: eis a hipótese deste estudo.

São diversos os assuntos de interesse que secundam a tríade acima referenciada, mas um assunto em específico, o da volta das ferrovias, tem se evidenciado como de excepcional receptividade. Uma recente pesquisa, encomendada e publicada pela FerroFrente, organização não governamental que trata do tema, mostrou que em torno de noventa por cento de todas as pessoas, com mínimas variações por sexo, idade, renda etc. gostam do trem (que segundo muitos, evoca uma "saudade de não sei o quê") acreditam que o trem contribui com o meio ambiente, com a mobilidade, e com o desenvolvimento econômico das cidades e do país como um todo (www.ferrofrente.com.br).

A referida pesquisa foi conduzida pela empresa Interativa Pesquisas, em março de 2014, e teve o objetivo de avaliar a aceitação das ferrovias na cidade e medir se haveria a sensação de alguma vantagem ou desvantagem para a população o investimento em trens.

O método de coleta de dados se deu por meio de entrevistas presenciais domiciliares mediante a aplicação de questionário estruturado. A amostra de 400 entrevistas foi distribuída proporcionalmente entre a cidade, que possui população de 1.299.249 habitantes e 825.719 eleitores, representando 2,64% da população eleitoral do estado de São Paulo. A margem de erro foi de 5%.

O resultado (Interativa Pesquisas, 2014) merece destaque porque, além de mostrar a ampla convicção de que os trens carecem de maior atenção do poder constituído e que haveria vantagem numa tal atenção e investimento governamental, a convicção alcança 94% entre todas as pessoas entre 35 e 44 anos, portanto, pessoas no meio (e muito provavelmente no ápice) do seu ciclo produtivo. Por outro lado, mostra que esse sentimento só cai entre as pessoas sem nenhuma ou pouca escolarização, caindo para 50% entre os analfabetos, que por suposto são ínfima minoria entre os usuários do sistema, visto que o analfabetismo tem maior concentração em zonas rurais. A ampla aceitação demonstrada mais uma vez robora a tese que vimos aqui defendendo, a saber, que temas laterais, no caso o relativo à volta dos investimentos em massa em ferrovia, tem acolhida que beira à unanimidade e se, por um lado, isso não significa que todos os eleitores envolvidos na pesquisa votem num candidato que trabalhe o tema, por outro lado é factível que o trabalho com o tema elevará o acatamento da candidatura.

Haveria alguma vantagem se o governo investisse em mais trens?

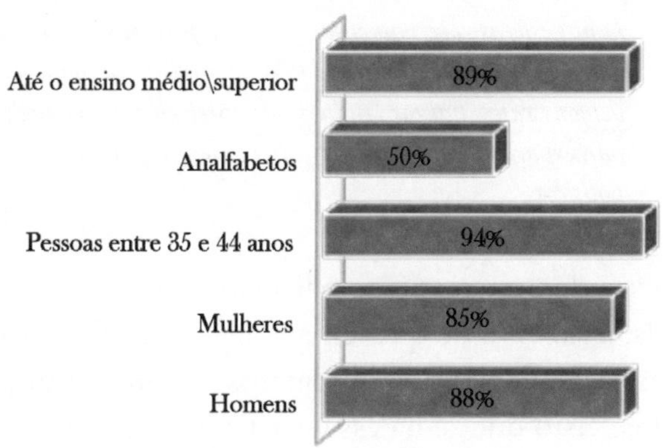

Esses dados apontados pela Interativa Pesquisas, em 2014, mostram que o entendimento de que o trem é mais ecológico por produzir menos poluição está amplamente disseminado. Mesmo se objetarmos que a pergunta eventualmente tenha sido algo indutora, a amplitude do resultado não pode deixar dúvida sobre esse entendimento do senso comum. Por fim, esse resultado aponta para o entendimento da expansividade geográfica do benefício, convicção compartilhada por 91% dos entrevistados.

Como tanto já se repisou aqui, são muitos os assuntos correlatos, além da "santíssima" tríade da Educação, Saúde e Segurança (além de assuntos sazonais ou eventuais, pontuais em voga no momento da eleição) e, naturalmente, não será possível abordar a todos. O tema que trazemos, pela ampla aceitação, e daí a sustentação da firme hipótese, tem condições de aumentar o índice de aceitação do candidato que dele vier a se valer, mas não há, contudo, por enquanto, nenhum estudo publicado a esse respeito e, por isso, não se pode ainda confirmar se essa expectativa efetivamente se concretiza em uma situação real. Segundo Pimentel, et al,

> *vários cientistas políticos têm defendido a hipótese de que o Brasil vive hoje uma crise da representação, ou seja, que os partidos estariam perdendo a capacidade de interagir com a população e de representá-la nas esferas governamentais. Tal perspectiva estaria assentada, entre outros fatores, nos resultados de pesquisas de opinião pública que demonstram baixos índices de preferência partidária e menor participação popular em atividades organizadas por partidos políticos.*

Esse contexto de pouco apreço partidário corrobora a tese ora apresentada, a saber, a de que temas mais específicos e menos trabalhados pela maioria dos candidatos podem roborar as candidaturas, visto que se há essa insatisfação é preciso mudar algo, é preciso alargar horizontes, sem o que não se pode esperar uma reversão do quadro. E, justamente esse novo e mais espesso tenderá a granjear a simpatia e, no limite, a volta do interesse do eleitor pela política, vez que os temas laterais e segmentados são justamente aqueles mais próximos e materiais para ele, visto que saúde, educação e segurança, não obstante a sua real centralidade, de tão "batidos" perdem em interesse, especialmente nas proporcionais, claro. Se no subjetivismo do eleitor um tema que lhe é caro estiver ligado a um determinado candidato, é natural que o índice de intenção desse candidato cresça. Ainda que se tenha de aceitar aqui alguma fragilidade científica na afirmação, o apelo à lógica aristotélica, mais exatamente o silogismo de primeira figura, que no exemplo de Aristóteles se apresenta em três proposições em que a terceira resulta das duas primeiras (O homem é mortal; Sócrates é homem [portanto] Sócrates é mortal), calcados na pesquisa realizada pela FerroFrente, que demonstra um inequívoco gosto do eleitor pelo tema ferrovias poderíamos, à guisa de susbstancialização teórica, adaptar o silogismo clássico por: O eleitor tende a inclinar-se a votar em candidatos ligados a temas que lhe sejam caros; certo candidato tem seu nome ligado ao tema das ferrovias; que é caro ao eleitor [portanto] esse candidato terá robustecido seu nome junto a esse eleitorado. Afinal, se, como aponta o pesquisador Hilton Cesário em seu texto *Pesquisa Quantitativa*, toda pesquisa tem como finalidade a solução de um problema. Toda análise, não menos, por forçoso, busca de forma qualitativa, complementar, o que, por assim dizer, as pesquisas, de natureza per si mais quantitativa, apontam. Em muitos casos, a análise propriamente conduzida de uma pesquisa faz prever mais assertivamente o resultado de uma eleição, e isso pode envolver a troca das posições. Um exemplo translúcido se viu nas últimas eleições, quando o PT passou a atacar o terceiro colocado na pesquisa numérica quando evidenciou-se que ele estava em ascensão e deveria ultrapassar a segunda colocada ainda antes da realização do primeiro turno, numa evidente e acertada análise de conjuntura em desfavor da análise dos dados numéricos.

Se, por um lado, a análise racional dos dados obtidos numa pesquisa, por exemplo, pode ser mais determinante que seus cocientes, por outro o eleitor não vota apenas a partir de sua razão, é escusado provar que as emoções são parte integrante da decisão do voto.

Ainda que, como aponta Markus Wagner em seu artigo *Anger and fear: how do they shape our vote?*, haja algum preconceito contra o eleitor que vota mais com a emoção que com a razão, o fato é que a emoção sempre estará presente em alguma instância dessa decisão, visto que, de acordo com o autor, *primeiro, as emoções estão sempre conosco: não podemos removê-las do modo como pensamos e agimos. Segundo, emoções conduzem nosso comportamento. Elas propiciam as motivações para nossas ações e conformam aquilo em que focamos e sobre o que pensamos. Terceiro, isso significa que as emoções conformam nossa capacidade de deliberação.*

Tomando dados do British Election Study de 2010, que apontavam o sentimento das pessoas durante o período pré-eleitoral das eleições do Reino Unido, Wagner percebendo que "muitas pessoas estavam iradas, muitas apreensivas ou amedrontadas – e, claro, algumas experimentavam ambas as emoções". Dentre as pessoas que haviam votado no partido da situação, o Partido Trabalhista "A probabilidade prevista de eleitores do Partido Trabalhista com ira escolher o Partido Trabalhista era de 54%, comparado com por cento para aqueles que não estavam nem com ódio nem com medo". Ou seja dentre os sentimentos mais comuns em relação à situação de algum cenário, segundo o autor a raiva e o medo são os mais presentes e mais decisivos.

Neste estado de coisas, se os usuários do sistema de transporte público sobre trilhos se sentirem vítimas das más condições tenderão a sentir raiva, o sentimento que mais altera a decisão na hora de votar. Afinal "Ira é dita ativar o sistema de aproximação, que leva indivíduos a tentar remover a fonte do mal". Neste contexto, é lícito afirmar que, dada a proximidade, vez que usa o sistema, é mais natural o eleitor sentir raiva em relação ao que sofre diretamente na pele que contra temas mais abstratos, como a macroeconomia, não importando neste caso se a segunda é mais deletéria para a vida do eleitor que a segunda.

Conclusão

Num sistema pluripartidário e com eleições em dois turnos como o nosso, o eleitor tende a ficar exposto à propaganda de um número altíssimo de candidatos, em que todos "batem as mesmas teclas" da segurança, saúde e educação. Neste cenário, temas mais laterais tendem a destacar um candidato que deles se valer apropriadamente, notadamente nas eleições proporcionais. Pelo estado de abandono que nossas ferrovias vivem há oito décadas seguidas e pela natural simpatia que o trem provoca, provavelmente por fazer parte da história do país e dos antepassados de praticamente todos os eleitores, é um tema caro à maioria absoluta dos votantes. Neste sentido, as razões apresentadas no decorrer deste trabalho são bastantes para persuadir inequivocamente quanto a importância dos temas transversais, menos abordados e, na esteira dessa conclusão, a de que o tema da necessidade da volta dos investimentos nas ferrovias, a volta dos trens, é, a um tempo, um tema de máxima relevância para a nação e com o condão de roborar significativamente uma candidatura.

Referências:

ALBUQUERQUE, Afonso de (1995). Política versus televisão: o horário gratuito na campanha. In: *Comunicação & Política.* Rio de Janeiro, I (3): 49-54, abril/julho.

ALDÉ, Alessandra. *A Construção da Política* - democracia, cidadania e os meios de comunicação de massa. Editora FGV, Rio de Janeiro, 2004.

ALMEIDA, Alberto Carlos. *Como são feitas as Pesquisas Eleitorais e de Opinião*, 2 ed., Rio de Janeiro: Editora FGV, 2003.

CESÁRIO FERNANDES, Hilton. *Pesquisa Quantitativa.* Em: <[http://www.al.sp.gov.br/repositorio/ilp/anexos/1035/

YY2012MM7DD30HH15MM31SS33-pesquisa_quantitativa.pdf>.
CHAMPAGNE, P. *Formar a opinião*, O novo jogo político. Rio de Janeiro: Vozes, 1998.

FERREIRA GONÇALVES, José Manoel. *Despoluindo Sobre Trilhos.*

Editora Sendas Edições, Curitiba, 2013.

FERREIRA GONÇALVES, José Manoel . *Cenários Possíveis Para o Transporte de Açúcar e De Contêineres Para o Porto de Santos Visando à Redução das Emissões de Gases de Efeito Estufa*, 2012- Universidade Metodista de Piracicaba – Faculdade de Engenharia Mecânica e de Produção – Programa de Pós Graduação em Engenharia de Produção.

FIGUEIREDO, Marcus; ALDÉ, Alessandra; DIAS, Heloísa ; JORGE, Vladimir. *Estratégias de Persuasão em Eleições Majoritárias*: uma proposta metodológica para o estudo da propaganda eleitoral. Rio de Janeiro: IUPERJ, p. 58 (Série Estudos, 100). FIGUEIREDO, Rubens. *O que é marketing político*, São Paulo: Editora Brasiliense, 1994.

LAVAREDA, A. *Emoções ocultas e estratégias eleitorais.* Rio de Janeiro: Objetiva, 2009.

PIMENTEL, Jairo et al, V*oto Emocional é um comportamento irracional?* [https://www.academia.edu/1035475/VOTO_

EMOCIONAL_É_UM_COMPORTAMENTO_IRRACIONAL]

SOUZA, J. *Pesquisas Eleitorais*: Críticas e Técnicas. Centro Gráfico do Senado Federal, Brasília, 1990.

Sites consultados:

FerroFrente – Frente pela volta das ferrovias no Brasil: www.ferrofrente.com.br.

SOS Planeta: www.sosplaneta.com.br.

LAVA-JATO: A HORA E A VEZ DO TREM Norte-Sul

Quimera da dourada década de 1950, a Ferrovia Norte-Sul se constituiria como coluna dorsal das diversas ferrovias que existiam e se fariam no Brasil. Uma vez todas interligadas, os pontos de produção, consumo e exportação estariam em rede, haveria escoamento racional e barato da produção com consequente aumento da nossa competividade internacional e segurança nas nossas estradas.
Entretanto, a quimera dourada só deu seu primeiro sinal de consubstanciamento trinta anos depois, já na metade da década de 1980, quando foi finalmente anunciada pelo então presidente José Sarney: a logística do país estava finalmente em vias de salvamento no país. Mas o país era o Brasil e a corrupção da Norte-Sul começou antes de ver-se deitar o primeiro dormente. Contudo, o escândalo inicial – relativo à concorrência direcionada com os trechos já sorteados entre as grandes construtoras, amplamente comprovado pela F*olha de São Paulo* – passou incólume, legado ao "mi mi mi", ou, melhor, ao lero-lero da época.
As empresas objeto da operação deflagrada pela Polícia Federal em 26 de fevereiro de 2016, denominada O Recebedor, contudo, foram beneficiadas na falsa concorrência de 1987, TODAS elas. Os tempos eram bicudos, o então presidente que governava a "Nova República" havia passado toda a ditadura ao lado dos

militares, não havia o menor clima para mouras manus polutas: assim, os 215 km de trilhos dentro do Maranhão foram iniciados, não obstante terem sidos inaugurados dez anos depois, pelo presidente Fernando Henrique Cardoso. Os 505 km do segundo trecho da obra demoraram outro tanto, e só se viram inaugurados pelo presidente Luiz Inácio Lula da Silva, ferrenho opositor e detrator da obra em seu início, mas agora seu entusiasta: hoje entende-se por quê.

Mas, com isso, Goiás estava, enfim, contemplado. Viva!

O objetivo de Lula agora era maior, iria ampliar a obra em 855 km, algo que até foi em partes realizado, a parte da aparência, diga-se. Afinal, ainda que já esteja inaugurado há mais de um ano e meio, não transportou nada até o momento e nada está previsto, nada se espera para o curto e médio prazo quanto a isso. A hipótese é que o ímpeto presidencial visava mais os contratos, o que deles advinha, que o inadiável transporte sobre trilhos. Indignada, a própria sociedade, neste caso representada por uma entidade autônoma de estudos ferroviários que sobrevive dos próprios associados, a FerroFrente, impetrou uma ação civil pública contra a VALEC que tramita na 22ª Vara da Justiça Federal em Brasília, sob o número: 0062829-12.2015.4.01.3400.

A revolta no meio ferroviário não é pequena e nesta mesma ação estão sendo acionados a Presidenta da República Dilma Vana Rousseff, Ministério dos Transportes, DNIT – Departamento Nacional de Infraestrutura de Transportes, Empresa de Planejamento e Logística S.A. – EPL; e a Agência Nacional de Transportes Terrestres. E, pasme, trata-se de uma ação cujo valor excede 200 bilhões de reais a ser depositado em favor de um fundo ferroviário.

Não é para menos. Segundo a própria VALEC, as perdas do país ultrapassam a cifra de 12 bilhões de reais por ano, visto que o custo logístico do transporte sobre pneus é muito mais caro. Isso

sem contar as questões ambientais e de segurança nas estradas, que, se fossem somadas, ampliariam sensivelmente esse número. Se, por um lado, foram infrutíferas as denúncias de 1987, por confirmadas que fossem, por outro lado, desde 2008 o Tribunal de Contas da União – o TCU – já indicava superfaturamento dos novos trechos, pelo que solicitou inclusive bloqueio de recursos do orçamento. Mas nada até agora aconteceu.
Por parte do atual governo, apesar dos estrondosos anúncios em contrário, depois de tantos bilhões do dinheiro público investido, vê-se um jogar final de toalha: uma entrega por outorga (visando fazer caixa ao invés de desenvolvimento) à iniciativa privada. Isso vale para as obras e para a operação. Contra a Outorga também se levanta na justiça o meio ferroviário, via FerroFrente.

Trensalão

Mas nem só a Norte-Sul está viciada, vide o escândalo do chamado trensalão, como ficou designada a corrupção na compra de vagões envolvendo multinacionais. Hoje esse é um assunto judicial que envolve cortes de muitas nações. Malgrado nosso, nem todo o problema nos trilhos de São Paulo estão abrigados nesse episódio, há muitos outros e, por isso, nos mesmos moldes da ação contra o Governo Federal, via FerroFrente, o meio ferroviário aciona o metrô de São Paulo e o próprio Governo de São Paulo em questão relativa à suspensão de obras como a do monotrilho. Esse processo está na 4ª Vara da Fazenda Pública do Estado De
São Paulo, processo: 1006449-36.2016.8.26.0053. Com muitos agentes públicos do Executivo e do Legislativo, inclusive deputados, senadores e graúdos ministros na cadeia, e muitos outros prestes a fazer companhia a esses, resta-nos esperançosos

o terceiro poder para a ação, e este quarto poder para a reflexão e a denúncia. Não desistamos do trem.

Março de 2016

AFUNDANDO... O BRASIL E MINHA GARAGEM

Também sou vítima do prédio do Lula, como ficou conhecido o Edifício Solaris do Guarujá, litoral de São Paulo. Adquiri há muito tempo um apartamento em prédio próximo, onde depois seria construído o Solaris, sem o requinte e dimensões da unidade do Lula no Solaris, nem a vista para o mar, infelizmente.

Digo do Lula, em que pese a documentação apresentada pelo seu Instituto hoje, procurando afastá-lo dos fatos. Nada daquilo me convenceu, como por certo não convenceu a você. Nada restou provado com a versão jurídica apresentada, a não ser o claro cuidado em manter uma contabilidade "saudável" para os órgãos públicos, para imprensa e para a nação.

Quando me perguntam sobre meu posicionamento político, se de direita ou de esquerda, sempre respondo: ambidestro. Não compactuo com os extremos, nem com o chauvinismo, nem com bolchevismo, trotskista ou não. Mas sempre fui um ser político intenso. Às vezes muito idealista, confesso, como, quando ainda bem criança, me empolguei com uma certa vassourinha que iria deixar meu país mais bonito. Meu pai me explicava que não, mas eu...

Em seguida, entendo um pouco melhor, oscilei entre a alegria de ver anunciar-se terra para todos que plantavam e o medo ao ouvir que meu país iria mergulhar num tal comunismo.

No seu início, o golpe militar trouxe alívio em certo sentido, mesmo porque teríamos um novo presidente, eleito diretamente pelo povo já no início de 1965: vida nova, dizia-se! Aí vieram um a um os atos institucionais e o fim das liberdades e da esperança. Os grupos de esquerda resolveram partir para as armas e isso só fez justificar e alongar no tempo o arroxo.

Diretas já, um vice-presidente eleito em colégio eleitoral

– e ligado aos militares enquanto esses ocuparam o poder – é o primeiro civil a ocupar a presidência... Paciência, aguardemos.

Veio a primeira eleição direta e, mesmo sem ter votado nele, acreditei que o alagoano tinha vontade de modernizar o país. De alguma maneira a agenda que seguimos desde então é aquela que ele propôs.

Collor havia recebido todo o apoio hegemônico da mídia tradicional (notadamente da Globo) para evitar o mal Lula. A sua queda, a depender dos "hegemônicos" entregaria o poder ao ACM, provavelmente na pessoa de seu filho, Eduardo, que presidia então a Câmara dos Deputados. Mas o medo de Lula fez com que os hegemônicos investissem em um ex-exilado político, agora liberal, mas de discurso social-democrata, FHC. Por ser mais parecido politicamente a Lula, tendo inclusive empunhado a mesma bandeira, e excedê-lo em garbo e polidez, teria sucesso eleitoral mais garantido.

E funcionou. Porém, na falta de nova liderança que vencesse Lula e o substituísse na presidência, aprovou-se a reeleição. Novamente deu certo o intento, mais quatro anos de Lula longe do poder central.

Contudo, passado esse período, chegou o momento inevitável já alinhavado desde os anos oitenta: Lula venceu em 2002 e agora com uma reeleição na manga.

O primeiro ano de governo Lula foi difícil, mas em 2004, com os primeiros sinais da crise da bolha imobiliária nos Estados Unidos que espalhou a dificuldade para todo o primeiro mundo, o Brasil começou a dar certo, a crescer e a intensificar programas de resgate social, capitaneados pelo bolsa-família.

Nunca minha esperança foi tão alta, mas 2005 começava a revelar o que hoje é patente: o PT chegou ao poder com os mesmos meios dos adversários e era muito mais corrupto do que os partidos que atacara ferino por tanto tempo. Como Lula não sabia do mensalão, fora "traído", não só se reelegeu, como já elegeu e reelegeu sua pupila, que cuidava da Casa Civil, caixa preta e caixa dois do Executivo brasileiro desde antanho.

Vivi cada um desses momentos nacionais como se fossem acontecimentos pessoais. Vibrei com Lula, me decepcionei, me indignei e hoje a organização de estudos ferroviários que presido processa o governo e a governanta em ação de mais de duzentos bilhões em favor de um fundo ferroviário. Mas essa é outra história, até porque estamos em vias de processar também o governo de São Paulo, juntamente com o atual e últimos governadores, por razão semelhante a que estamos acionando o governo federal.

Quis o destino que hoje eu morasse em prédio adjacente ao do ex-presidente Fernando Henrique, mas antes, como disse na abertura desse texto, vivi diversos anos em Guarujá, e novamente o destino, caprichosamente, acabou me colocando exatamente a uma parede de distância do problema Lula, e assim acabei parte dele. Explico: o rebaixamento do lençol freático (água do subsolo) realizado para construção dos dois pisos de garagem daquele prédio do famoso tríplex, acabou afetando os prédios vizinhos e minha vaga de garagem afundou, junto com Lula, o PT e o Brasil.

Tudo indica que como havia o interesse de um ex-presidente e muita gente querendo agradá-lo, as obras de conclusão do prédio foram aceleradas, a qualquer custo, material e imaterial, pouco importando o prejuízo alheio de tantas pessoas. Um exemplo do abuso e egoísmo desse desrespeito foi a obstrução dos elevadores enquanto a família do ex-presidente Lula, de acordo com as declarações públicas do zelador do edifício Solares, estava no prédio.

Da obra, restam dois fatos que merecem destaque. O primeiro é que enquanto alguns tiveram vantagens especiais, outros, na verdade, milhares de pessoas foram iludidas, porque apesar de pagarem suas prestações a Bancoop, que era a cooperativa habitacional criada por uma ala do PT, que acabou falindo, não receberam as chaves das unidades habitacionais contratadas. O outro fato, foi o risco que as consequências de uma obra malconduzida poderiam ter causado: O pavimento da avenida da praia das Astúrias, onde está localizado o prédio do tríplex poderia ter cedido e aberto cratera onde veículos e pessoas poderiam ter sido dragadas vivas; o piso das garagens dos prédios vizinhos poderia ter afundado ainda mais que a minha garagem; poderiam ter ocorrido os chamados recalques diferenciais, que fariam surgir trincas e mesmo algo ainda mais grave. Felizmente, por pura sorte, apenas uma parte desses riscos aconteceram.

Por certo os meus prejuízos pessoais, sejam materiais ou imateriais, não são desprezíveis, mas o maior prejuízo, sem dúvida, é o coletivo com o fim de nossos sonhos e esperanças, o imenso sofrimento da falta de perspectivas e confiança no futuro, a sensação de impotência de ver nosso país afundando, distanciando-se a do que um dia foi motivo de orgulho e hoje é absoluta vergonha, com o impoluto guardião da moral na política traindo a nação em troca de vantagens pessoais, ou para o seu partido e amigos. Isso me entristece mais. Muito mais!

Fevereiro de 2016

ANTT: AGÊNCIA DESREGULARIZADORA?

Demissões em Sorocaba

No contexto da globalização pós-moderna ocorrida no final do último milênio, o governo da época cedeu à ideia do Estado mínimo e promoveu inúmeras privatizações no país. A premissa era que serviços públicos pagos, como transporte ferroviário, aeroviário, telefone etc. seriam melhor prestados por agentes privados.

A principal razão apresentada pelo então governo FHC era calcada na necessidade de eficiência administrativa, livre concorrência e maior capacidade de investimento. Ao contraditório que nenhum agente privado cuidaria do interesse público e, por isso, este último ficaria prejudicado, prevaleceu o argumento que seriam criadas agências reguladoras autônomas, sem interferência política, para fiscalizar as empresas que se formavam sobre o patrimônio público para que estas atendessem os anseios e direito de todos os brasileiros.

A pressão externa, exercida principalmente pelo governo Clinton, somada à ideia de renovação, como verdadeiro rolo compressor, esmagou todo e qualquer esforço na tentativa de conter o ímpeto arrecadador do governo. Como resultado tivemos muitas privatizações açodadas, desguarnecidas de estudos mais aprofundados que evitassem que a natural sede de lucros dos agentes privados suplantasse o interesse dos cidadãos e mesmo o melhor desenvolvimento da economia nacional.

As agências reguladoras foram criadas a toque de caixa e, reconhecemos, cumprindo inicialmente o papel ao qual foram votadas. Dois anos depois essa situação já era bem diferente e as indicações políticas para os cargos nas agências reguladoras foram passando da exceção à regra. Notadamente com a assunção da oposição ao governo privatizador ao poder, em que pese a contradição.

Como os governos do terceiro-mundo são ocupados por políticos associados em partidos que mais parecem bando ou gangue unida para esbulhar o erário e recolher de agentes privados, essas agências foram ajustando a mira de suas ações para o lado contrário. De fato, hoje mais servem às empresas que deviam fiscalizar em vez de servir os cidadãos, que ao cabo são quem as mantêm.

Muitas privatizações foram absolutamente necessárias, como a da telefonia. Sem ela estaríamos vivendo num mundo jurássico, se comparado ao atual, devido ao vertiginoso crescimento da importância da informação, ainda mais em tempos de internet. Muitas outras são questionadas, como a da Vale do Rio Doce, cujo um dos maus resultados se viu há pouco, com a tragédia que extinguiu o Rio doce, a vida ao seu entorno e a possiblidade de reação pública.

Contudo, a mais antiga vítima da privatização, a rede ferroviária, pouco tem sido lembrada, porque pequena é a percepção de sua importância tanto para o desenvolvimento nacional, para a segurança na mobilidade das pessoas e para o meio ambiente.

Não somos contra a privatização. Existem sistemas privados de ferrovias incríveis, como o americano. E sistemas públicos não menos, como em alguns países nórdicos europeus. Na Suíça, por exemplo, há trem público movido a energia produzida a partir do esgoto de uma cidade: verdadeiro prodígio típico de agente público. Na Itália, os sistemas público e privado coexistem e são ambos exemplares. Segundo a CNT, entre 2006 e 2014 o setor público brasileiro investiu aproximadamente R$ 13 bilhões em ferrovias, enquanto o setor privado teria investido o triplo.

Somos contra o que temos assistido no encaminhamento da gestão do sistema ferroviário, tanto pelo governo quanto pela ANTT (Agência Nacional dos Transportes Terrestres [o ferroviário inclusive]), criada para defender o usuário do sistema, mas que só vimos servir ao operador. Talvez a explicação resida apenas no fato de que o usuário não é doador de campanha eleitoral, e o operador é.

Como as demais, a ANTT, criada no governo FHC, cujo desmonte tratou de iniciar, foi definitivamente esvaziada no governo do PT. Quem perdeu com isso foi o país, que não tem um órgão independente para fiscalizar o funcionamento do sistema como um todo. Há a necessidade de fortalecer o papel institucional das Agências Reguladoras.

O forte aumento das tarifas do transporte público se reverteram em francas manifestações na última sexta feira. Isso já havia acontecido em junho de 2013, com a consequências que conhecemos. Na ocasião muito se falou sobre a necessidade de ouvir as vozes das ruas. Isso foi feito ou não passava de um exercício de retórica de políticos e das classes que se movem nas cidades sobre assento de couro, refrescadas por ar condicionado?

E a questão não se restringe aos paulistas, que promoveram as manifestações mais violentas, inclusive com a participação de infiltrados visando bagunçar o quadro político nacional, per si já tão complicado. E supera em muito a esfera de capacidade de enfrentamento por parte das prefeituras. No meio ferroviário não está diferente. As recentes demissões em Sorocaba não são fatos isolados. A Ferro-Frente vai oficiar extrajudicialmente a ANTT para que tome as providências cabíveis que lhe são inerentes. A via judicial não fica descartada. Os trabalhadores ferroviários vêm pagando a conta da má gestão há muitas décadas, a hora do basta chegou.

As melhorias foram poucas. Por exemplo, a ALL melhorou apenas as linhas tronco; as linhas secundárias estão abandonadas e pioram a olhos vistos. Entre outras tantas destaca-se a linha Marilia/Itirapina.

E veja-se que entre as treze atribuições da ANTT estão:

I - regular o serviço de transporte ferroviário de cargas;

III - fiscalizar a exploração de infraestrutura ferroviária e a prestação do serviço de transporte ferroviário de cargas; VIII - estimular, apoiar e fiscalizar os investimentos na ampliação e modernização da infraestrutura ferroviária; IX - promover a ampliação da oferta e a redução dos custos de prestação do serviço de transporte ferroviário de cargas.

Diante da realidade ferroviária brasileira, cabe perguntar: qual dessas atribuições têm sido levadas a efeito? O ofício à ANTT da FerroFrente pretende ver respondida essa pergunta que não é somente dela, mas de todo um setor que ela com orgulho representa.

Janeiro de 2016

SEM O TREM O PAÍS NÃO VAI E NÃO VEM

Não se pode mais continuar aceitando o caos logístico pela falta de transporte sobre trilhos no Brasil. O rodoviarismo, apesar de poluente letal e perverso, está arraigado nos costumes, hábitos e no inconsciente coletivo do Brasileiro. Assim, ao nos posicionarmos contra ele e o lobby automobilístico plutocrático, temos enfrentado fortes reações e pressões. Mas não nos é dado o acovardamento.

Trata-se de uma questão de Estado, e não de governo, mas que passa necessariamente pela política. E o ser político consciente fila-se a uma ideologia, é dizer, a um lado. Tenho um lado, que comungo com a maioria dos integrantes da Entidade que presido, a FerroFrente. Sim, é preciso deixar claro, a Ferrofrente tem um lado, e se orgulha de defendê-lo com a veemência que requer a causa, a saber: os interesses do setor cuja desatenção já quase secular nos impõe o atraso a carestia e a imobilidade. Ao assumirmos o lado da luta pelo salto de qualidade administrativa, gestão e construção de políticas ferroviárias responsáveis, não o fazemos com ingenuidade, supondo um caminho fácil. Conhecemos as resistências, e isso mais nos lança na luta pelo modal que nos traz vantagens competitivas inegáveis, barateia os alimentos do trabalhador, reduz vertiginosamente a mortandade nas estradas e ajuda nas questões ambientais e de saúde, notadamente o câncer de pulmão provocado pela poluição dos ônibus. Neste momento nacional grave, somos ainda mais instados a nadar contra a maré do atraso. Defendemos a necessidade de uma virada, por meio novas eleições gerais, da qual se exclua os atuais fichas-sujas. Que os novos governantes, respaldados pelo voto direto, possam assumir o imperativo da continuidade do combate à corrupção e da punição de todos que forem julgados culpados, dentro do estado democrático de direito, respeitada a ampla defesa e o contraditório. O nosso poder judiciário precisa se recuperar, apresentando maior celeridade, menor engavetamento e, sobretudo, julgando a todos e não apenas um ou outro ideológico ou partido político.

Sabemos que essa não é a posição da maioria no momento. Mas a democracia não é ciência exata, mormente onde os meios midiáticos escolhem um lado a malferem outro. A corrupção se dá à larga, tanto na Ferrovia Norte-Sul, quanto no metrô paulista; maniqueísmo ou demonização de qualquer dos lados demonstra inconsequência. Sem consciência e clareza política, nossa causa estará enredada. Por isso, entendemos essas considerações como pertinentes na abordagem do ferroviarismo. Nossa sociedade é brutalmente desigual e injusta e nada mais justo que defender princípios garantidos no contexto dos princípios básicos. Falecem ao país bons projetos, e há desmandos e desvios lamentáveis não só no governo que ora agoniza, mas há décadas, muitas décadas!

O direito ao transporte é de fulcral importância em qualquer sociedade moderna e deve ser cotidianamente garantido e aperfeiçoado pelo Estado. O acesso ao transporte é fundamental em nossa configuração social, pois se relaciona aos mais diversos direitos que são assegurados pela Declaração Universal dos Direitos Humanos e pela Constituição Federal de 1988. Por esta razão, sua existência e qualidade devem ser cobradas por todos os cidadãos, sejam usuários de transporte público ou não. O direito ao transporte é direito-meio porque condiciona o acesso aos demais direitos, se constituindo em elemento de vital importância para as condições necessárias à vida digna. Para o acesso à rede pública de saúde, por exemplo, é necessário algum meio de transporte. O mesmo se aplica ao acesso à educação, cultura e lazer. Liberdade de ir e vir, de chegar ao trabalho, entre tantos outros direitos que requerem deslocamento para aí serem exercidos e usufruídos.

É hora. Eia, cidadão, lutemos!

Maio de 2016

CONCESSÃO SIM, MAS COM PUDOR, POR FAVOR

Coube a Dimmi Amora, da sucursal da *Folha de Brasília*, trazer a notícia mais infame que o meio ferroviário poderia supor em seu pior pesadelo: para destravar seu projeto de ferrovia, o agonizante governo Dilma está propondo até 60 anos de concessão ao setor privado. Visando obter leiloar enfim a primeira ferrovia de seus programas de concessão, o Governo Federal pretende ampliar a permissão de uso exclusivo à empresa que a construa de até 35 para até 60 anos. A consulta pública será lançada já no início de abril, antes da votação do impeachment, para a licitação da chamada Ferrogrão, a estrada de ferro projetada para ligar Sinop (no Mato Grosso) a Miritituba (no Pará). O pendor precípuo da ferrovia é o escoamento da soja da região.

Enfraquecido, o governo que mais atacou o anterior pelas privatizações propõe uma concessão de tão longo prazo como essa. E logo a Ferrogrão de interesse inestimável a produtores de soja a construtores estrangeiros, vez que a ferrovia será utilizada para levar a produção agrícola de Mato Grosso para terminais portuários da região Norte do país e, de onde seguirá para o exterior, com uma redução de frete na ordem de 40%.

Depois de bravatear histriônico com o modelo europeu de concessão por leilão de volumes transportados, como convém, e não de uso particular de uma via férrea, desde o início desta década vem tentando, sem sucesso, simplesmente ceder ao capital, prejudicando toda uma nação. O capital jogou duro, pedindo 65 anos, está levando 60.

Pode-se ouvir não muito longe o foguetório. A dúvida é se o jogo será jogado ou prorrogado, tentando, quem sabe, alguns anos a mais.

A via terá 933 km (com uma cláusula que prevê que quando for construída outra ferrovia até a cidade de Lucas do Rio Verde (MT), a empresa levará a ferrovia até lá - mais 150 km aproximadamente), em um investimento de R$ 10 bilhões, e deverá ser concluída em entre cinco e sete anos. Açodado, o governo decidiu apresentar uma proposta em que não cobrará outorga, nem usará esse critério para escolher o vencedor. O critério de escolha favorecerá quem oferecer o menor tempo para administrar o bem, limitado a 60 anos. Está previsto também um preço teto máximo para o frete a ser cobrado.

A nossa FerroFrente tem procurado o poder judiciário para buscar a reparação aos inúmeros desmandos ocorridos pelos sucessivos fatos traduzidos em desrespeito com a formulação e gestão de polícias públicas estruturantes para o setor logístico nacional de forma geral e em especial com o transporte sobre trilhos, seja de passageiros ou de cargas. Dessa forma, em defesa das ferrovias, a entidade entrou com Ação Civil Pública na Justiça Federal em Brasília. O processo tem o número: 0062829-12.2015.4.01.3400 e tramita da 22a Vara Federal de Brasília. Estão sendo acionados a PRESIDENTA DA REPÚBLICA, DILMA VANA ROUSSEFF, o MINISTÉRIO DOS TRANSPORTES, DNIT-DEPARTAMENTO NACIONAL DE INFRAESTRUTURA DE TRANSPORTES, EMPRESA DE PLANEAJMENTO E LOGÍSTICA S.A. - EPL; e AGÊNCIA NACIONAL DE TRANSPORTES TERRES-

TRES e a ANTT. Trata-se de uma ação cujo valor excede 200 bilhões de reais em favor de um fundo ferroviário. A ação pede uma inspeção no trecho da Ferrovia Norte-Sul, de Anápolis, em Goiás, até Palmas, no Tocantins, inaugurado há quase dois anos e ainda sem operação regular até o momento, em franco desperdício do dinheiro público, e, como benefício único, a julgar pelos escândalos diários, gerou caixa a políticos, partidos e governos.

Da mesma forma, a FerroFrente aciona o metrô de São Paulo e o Governo de São Paulo em questão relativa à suspensão de obras como a do monotrilho. O processo está na 4ª VARA DA FAZENDA PÚBLICA DO ESTADO DE SÃO PAULO, processo: 1006449-36.2016.8.26.0053. Trata-se e um exemplo de péssima gestão do PSDB, com prejuízos pela obra abandonada em si e pelo que ela poderia estar contribuindo no ir e vir da maior, mais poluída e mais congestionada população do país. Sendo o PT e o PSDB os partidos mais proeminentes da República, esses fatos só nos fazem refletir o quanto temos a trilhar para sair da situação em que nos encontramos.

No caso da FerroGrão, querer entregar o país ao capital especulativo, seja nacional ou internacional, dessa forma irresponsável só pode ser atribuído à sandice de um governo atabalhoado, perdido em encobrir seus próprios fracassos e desvios. Os trilhos de nossas ferrovias nada têm a ver com essa condição, devem ser de todos nós brasileiros, sem dono que tenha direito de deles dispor para atender apenas seus próprios interesses.

Uma concessão dessa natureza em muito difere de uma concessão de pedágio, como ocorre no setor rodoviário. Na rodovia, em pagando, trafega quem quer: o insofismável direito de ir e vir fica mantido. Na concessão em andamento, o trecho é tão privado quanto uma sede imóvel de uma empresa, o acesso à via fica absolutamente restrito ao uso próprio ou de quem o "proprietário" tiver interesse.

Estão chantageando esse Governo Federal, muito fraco e a cada dia mais semelho a um cadáver insepulto, que perdeu a mínima condição de dar-se o devido respeito e, ato contínuo, não respeita o povo brasileiro, inda menos os usuários do transporte sobre trilhos. Esquece que este tipo de atitude impede que se possa colocar na mesa da família brasileira alimentos mais baratos, impede que aumentemos nossa competitividade externa, ao reduzir custos para a circulação tanto de produtos primários quanto de valor agregado. Neste estado de coisas, e dada a urgência, não nos resta senão as portas da Justiça. Estamos estudando no momento uma interposição junto à Justiça Federal. Tratar-se-á de um mandato de segurança de caráter preventivo impetrado pela FerroFrente contra ANTT e demais autoridades federias, com pedido de liminar. O nosso objetivo é que o poder judiciário possa garantir a manutenção do prazo de 30 a 35 anos para o vencedor operar a futura FerroGrão e, dessa forma, impedirmos que a consulta pública, anunciada pelo Governo Federal considere a ampliação desse prazo para até 60 anos. Estudamos fundamentar nosso pedido à Justiça Federal alegando o respeito ao direito de livre trânsito no território nacional, que poderá ser severamente prejudicado por ato direto do governo federal, gerando a cobrança futura de preços abusivos, estabelecidos de forma unilateral. Hoje há ferrovias com donos em que os custos chegam a 95% do valor praticado no frete rodoviário, enquanto o razoável seria que o preço do frete ferroviário seja, como mínimo, 40% mais barato que o rodoviário.

Entre outros, nosso pedido à Justiça Federal deverá alegar o respeito ao direito de livre trânsito no território nacional, o qual não pode ser restringido por atos que impeçam ou dificultem a efetivação desse direito.

Março de 2016

DIRETAS JÁ!

A crise política que vivemos no Brasil só se faz agravar. Por um lado, o governo parece desafiar a inteligência da população, defendendo o indefensável, escondendo a própria corrupção com peneira grossa, nomeando - de forma desastrada - ministro o líder do partido do governo com mandato de prisão iminente apenas para lhe oferecer foro privilegiado, e enfim chamando de golpista quem não se alinhe à linha sua.

No outro lado uma oposição não menos inidônea, capitaneada pelos personagens mais torpes que nos têm oferecido os partidos. O Eduardo Cunha não reúne a menor honradez necessária para propor a destituição de um presidente eleito. Nem o Michel Temer tem evidenciado qualquer condição de receber esse cargo que se pretende vagar. Isso sem falar na linha de sucessão: o Temer, o próprio Cunha e o Renan Calheiros, todos denunciadíssimos na própria Lava Jato, como algo em torno de quarenta dos sessenta e cinco nobres deputados, Maluf incluso entre outros notáveis que cuidam do Impeachment.

Mas nosso objetivo aqui não é fulanizar, antes o contrário, é propor uma saída para um cenário tão lamentável. Não nos creiamos tão distantes do pior: da convulsão social. Hoje mesmo tudo pode estar por um segundo. A extrema polarização entre pretensos constitucionalistas e supostos golpistas pode nos levar a uma situação de descontrole e enfrentamento, inclusive violento.

Antes de chorarmos o primeiro cadáver, cumpre buscarmos uma solução negociada que, se não pode atender a todos os interesses de cada lado, pode atender ao interesse máximo de cada um desses lados: a manutenção em primeiro lugar da paz e da não desimportante democracia.

Entendidas as idiossincrasias, não é prudência nos considerarmos acima de nações como o Líbano e a Síria, que por conta de governos por demais longevos e apegados ao poder, ruíram recentemente por completo, tendo suas populações perdido tudo... Absolutamente tudo!

Não vemos saída para o nosso problema mudando o político a sentar na cadeira de presidente, seja qual for ele da linha de sucessão. Como estão todos denunciados e tratam-se de notórios vezeiros no descaminho e no mal-havido, a tendência seria novos processos conturbados de troca de acusações e de cargos e de nomes e de siglas.

O substituto da atual presidente tem de vir necessariamente das incontestes urnas, meio único de consenso. Os políticos do atual governo e da linha sucessória nos devem um ato de grandeza: renunciarem em bloco. Que o presidente do Supremo conduza o país nos noventa dias que serão necessários para a nova campanha presidencial.

Trata-se de uma campanha excepcional, a ser realizada em bases mais democráticas e menos plutocráticas que as atuais. Uma campanha sem marqueteiros, sem produção, feita exclusivamente por meio de rádio e televisão, com o candidato o microfone e a câmera. Precisamos eleger alguém que mostre competência, e não alguém que tenha dinheiro para pagar um marqueteiro competente.

Eleito o governante, poderíamos caminhar para uma constituinte, formada por notáveis não filiados a partidos, uma constituinte que, oxalá, nos traga o parlamentarismo, que tem per si o condão de evitar impasses como o que vivemos.

Abril de 2016

NEM FLA NEM FLU

O momento de dicotomização radical da política nacional nos cobra uma posição corajosa, mas principalmente equilibrada, sem a polarização irrefletida que tem caracterizado esse duro período. Tudo pede prudência. Mas sem buscar nos refugiarmos no equilíbrio do muro, e tampouco ficarmos entorpecidos assistindo os fatos se construírem. Há que se buscar os significados mais profundos e principalmente aqueles propositalmente submergidos nos escusos porões da má política e do escasso direito judicial.
Precisamos de reformas: a governabilidade é mais um direito do cidadão que do governo. O combate à corrupção precisa ser incessante em todos os níveis: governo, agremiações partidárias, instituições etc., mas não pode, como está acontecendo, se dar parcialmente, precisamos acurar as lentes e não as armações, porque no atual estado de coisas quem vai encontrar chão fértil para agir é o populista aventureiro. Não superaremos a corrupção impunemente, temos essa consciência e não se trata disso, mas temos de enfrentá-la de uma maneira forte: intensa, equilibrada e sem ódio. O clima de intolerância e radicalização política instaurado precisa ser superado. O discurso do ódio é preocupante, há que se refletir: de onde vem esse ódio? Quais são as consequências dele na vida da nação? O ódio político é histórico, foi combustível ao fascismo e racismo que culminou

no nazismo, por exemplo. E não há como negar: há claros elementos fascistoides no ar que respiramos ultimamente.

A revolta da classe média tem procedência, é compreensível, afinal, foi excluída do processo colocado em marcha pelos vieses ideológicos dos governos do PT e sua ampla base aliada. Mas há uma parte dela exagerando, perdendo a noção de que vivemos num país tão desigual que nele dizer-se ameaçado de não ter como visitar o Mickey ofende, é necessário que se diga. Há uma parcela que insiste em não ver o outro, não pensar, e age como gado aboiado pela TV ou papagaio repetidor da internet como se exalasse o mais alto grau de compreensão, calcada tão somente na intuição.

O mais grave: a atual situação coloca a própria soberania do país em risco, já tímida por subserviência, por não ter determinação para investir em um submarino nuclear que guarde nossas extensas fronteiras marítimas. Que temos sido governados por dirigentes com limitado senso de responsabilidade, sem projetos, sem seriedade, é indubitável. Contudo, se elegemos mal, se as outras opções oferecidas também não eram tão atraentes ou mesmo diferentes, não será incendiando o país que vamos consertá-lo. Comedimento nas paixões, irmãos brasileiros, cabe-nos construir a partir desse caos ao invés de fomentá-lo.

Se na política o cidadão consequente escolhe uma posição, um partido, uma ideologia; por outro lado é próprio do cidadão politizado a moderação, o buscar o caminho do meio entre as polarizações exacerbadas que temos assistido: uma posição coerente nas graves questões que estão colocadas. Ainda que tenhamos de reconhecer que isso já foi feito a seu tempo, a saber, nas eleições de 2014, é importante que a sociedade civil seja imediatamente reconvocada para apontar caminhos, é dela que deve emanar a negociação política quando a crise atinge o nível que atingiu, para que assim haja a possibilidade do entendimento em torno dos temas postos. Os políticos e partidos estão por demais desacreditados, também é mister reconhecer.

Chegamos a um ponto em que, me parece, ou a sociedade cumpre esse papel ou a crise pode avançar a ponto de as forças armadas resolverem agir, apesar de seus generais não quererem. Não há quem não tenha memória, ou tenha tão falto o bom senso que queira um tal desfecho.

A continuar esse estado de coisas, mesmo com boa intenção, o Exército poderá acabar intervindo, tentando desempatar esse jogo e diligenciando para colocar ordem no caos, visando preservar a ordem e a normalidade na vida do país. Não temos hoje uma ameaça de comunismo, como em 1964. O comunismo acabou, mas isso pode acontecer se insistirmos na insânia, se a sociedade deixar de agir, se a polarização crescer. E o que pode se seguir depois é por demais incerto e perturbador.

Para evitar é preciso abandonarmos o enfrentamento cego e negociarmos em torno dos interesses do país, e não da mera sobrevivência eleitoral dos políticos ou dos partidos. Mesmo porque, como bem mostrou o repúdio ao Geraldo Alkmin e ao Aécio Neves em pleno ato contra o governo e em favor do impeachment, agenda de ambos, também ambos objetos de investigação, no último dia 13 de março. É forçoso reconhecer, o quadro está muito confuso e é enorme a rejeição aos partidos e aos políticos. Mas haveria democracia sem políticos e sem partidos?

A decepção é profunda, o governo vem mal há tempos e a corrupção é inegável, pouco importando se ela vem de antanho ou se é obra desse governo. Contudo, não podemos deixar de reconhecer o que foi feito de bom, apesar disso. Realizaram-se avanços importantes, como a política de distribuição de renda, a colocação do Brasil no mapa político mundial, pagamento da dívida com o FMI, construção de universidades e escolas técnicas, água para o sertão nordestino, foi um governo que teve o condão de tirar milhões de brasileiros, irmãos nossos, da linha da miséria e da fome, foi premiado por reconhecimento na ONU, liderou entre os governos dos países em desenvolvimento - os Brics, entre muitos outros relevantes pontos. Mas os gigantescos pecados cometidos carecem ser purgados. Mensalão no Congresso, escândalos na Petrobras, nos Correios e na Valec... para ficar no mínimo.

Entendo o quanto é difícil reconhecer o outro lado, mas a situação atual nos cobra essa responsabilidade, vamos dar as mãos e construir juntos uma solução negociada. Se a delação premiada livra das celas os criminosos delatores, uma renúncia negociada poderia nos devolver a paz e confiança que nossos filhos e netos terão o futuro que merecem.

Março de 2016

EU VOLTEI, AGORA PRA FICAR!

Caros amigos, essa é uma carta aberta que escrevo após extrema reflexão, em que me reportando ao passado, olhando o futuro, busco conciliar ambos. Pois trata-se de um posicionamento ideológico que já assumi no passado, mas que do qual fui me distanciando ao longo do tempo em maior ou menor grau e que agora, na maturidade do tempo de formação, assumo como meu. Um posicionamento firme, que norteará a minha ação pública daqui para diante. A recente formação como cientista político e a situação extrema pela qual passamos me trazem definitivamente para o lado que finalmente escolho e de forma indelével: a luta pelos direitos sociais, pelo direito das minorias, dos esquecidos pela sorte, mas principalmente pelos trabalhadores, que ao fim e ao cabo são os responsáveis por toda a riqueza que é produzida.

Tive a sorte de ter nascido em uma família que já havia suplantado as dificuldades econômicas, fulcral para que eu pudesse me formar em três áreas distintas, a Engenharia Civil, o Jornalismo e o Direito, me especializar em outras áreas, inclusive de artes, me mestrar e doutorar e, mais recentemente, especializar-me em Ciência Política.

Os destinos do país sempre me interessaram de perto, vivo os problemas da nação como se próprios fossem, nunca pude evitar isso e, por isso, inclusive, tive três candidaturas a cargos eletivos, mas que infelizmente, por muitos motivos, principalmente por me recusar a entrar em esquemas espúrios de financiamento, não lograram o êxito eleitoral necessário.

Minha atividade política começou cedo. Estava ainda por concluir minha primeira graduação quando, em Paris, tive a sorte e a oportunidade ímpar de conhecer Leonel Brizola, na plenitude do seu verdor intelectual, pouco antes da assinatura da anistia, que permitiu sua volta triunfante ao Brasil. Suas ideias, a um tempo libertárias e legalistas, me cativaram e arrebataram.

Afinal, tendo sido educado em instituições conservadoras e criado numa família de viés liberal, havia aprendido muito bem os males do comunismo soviético, mas não me conformava com o liberalismo apregoado que, como me ensinou o Brizola, nem liberalismo era. O liberalismo se havia implantado e suplantado na virada do dezoito para o dezenove e o que havia ressurgido em meados do século vinte era um neoliberalismo. Se o primeiro se ergueu em favor de profissionais liberais, barbeiros, merceeiros etc., chamados burgueses, contra a fidalguia e os grandes proprietários; o segundo se erguia em favor do grande capital, do capitalismo que não conhece medida quando o que está em questão é o lucro. Mas foi antes do neoliberalismo se configurar e estabelecer que o mundo conheceu novos dias de Péricles, o maior governante ateniense e primeiro afiançador da democracia, e chamou-se: social democracia.

A social democracia surgiu no pós-guerra como reação a Stalin, que acabara de vencer Hitler e todo o fascismo. No pós-guerra, a União Soviética prosperava, liderando inclusive a corrida espacial, e foi em reação a ela que surgiu o *welfare state*, o estado de bem-estar social. Já o Neoliberalismo surgiu exatamente quando o sistema soviético ruiu, porque aí não havia mais nada que se oferecesse que atraísse mais que o capitalismo mesmo.

A social democracia é um tipo de capitalismo muito idêntico ao que grassa nos Estados Unidos, por exemplo, mas diferencia-se desse ao levar em conta, em primeiro lugar, os direitos civis do cidadão: inclusos saúde, segurança e educação, mas também segurança alimentar, programas públicos de moradias, legislação trabalhista equânime, que entende as empresas como resultado de um investimento de capital de uma pessoa ou grupo, mas também como o resultado de um grupo de pessoas trabalhando em sinergia.

Como disse, a vida me fez andar por caminhos políticos algo diversos. Inicialmente me filiei ao PTB do Brizola, um pedido pessoal dele feito a mim quando ainda sequer havia regressado ao país. Mas quis o destino que a sigla restasse nas mãos de Ivete Vargas, filha do próprio Getúlio Vargas, que redirecionou a posição ideológica dele.

Ao depois, pelo meu ativismo ambiental, filiei-me ao PV, além de outros partidos de bandeira ambiental. Infelizmente, descobri que alguns deles não passam de nanicos ávidos por níqueis, e são tão verdes como a bandeira da $uíça, ou a camisa dos fascistas italianos.

Volto às origens, à ideologia da qual nunca devera estar afastado, e neste movimento, volto a olhar com os melhores olhos o PDT.

O PT é culpado de alta corrupção, de ter trilhado os mesmos caminhos de seus adversários, mas o que estamos vivendo é um golpe, a anulação dos votos dos cidadãos. Está sendo retirada do poder uma senhora honrada, que jamais, até prova em contrário, auferiu para si algo mal havido. Sua destituição, portanto, é injusta e mesmo ignominiosa. Algo que não se pode dizer ao falar daqueles que conspiram nas sombras, para sentar-se em cadeira reservada àqueles referendados pelo voto da maioria absoluta de todos os cidadãos brasileiros. Acresce que tampouco se pode chamar honrado à maioria dos deputados que votam em favor desse golpe. O conflito é próprio da democracia, é algo difícil, mas necessário para o crescimento da consciência cidadã.

O conflito se dá no contraditório, na apresentação de razões e ideias divergentes. Mas hoje, como já tive oportunidade de denunciar em um artigo intitulado *Fla x Flu*, estamos vivendo o confronto, e este, ao contrário do conflito, é antidemocrático e tende a levar ao retrocesso e, porque não dizer, à barbárie aberta. Se levamos os sentimentos políticos, as ideologias, que por natureza habitam a razão, para os confins dos instintos primitivos, o caos pode se instaurar. E, tal qual uma boiada, quando uma multidão entra em estouro, nenhuma força a segura mais.

Digo essas coisas pedindo que meus amigos reflitam, para que não tomem esse meu posicionamento ideológico como um ato de provocação. Espero que, ao contrário, mesmo os que pensam que a saída é pelo liberalismo e pelo incremento nas forças de mercado, vejam em mim um contendedor, nunca um inimigo. Tudo nesse grave momento pede serenidade, e é com a razão e os sentimentos plácidos que empunho essa bandeira, vendo na força dos opositores um espelho e um estímulo.

Minha luta pela manutenção das condições de vida no planeta contendo as emissões e a luta pelas ferrovias como a saída para o transporte de cargas e pessoas continuam e se intensificam. O trem de carga, além de diminuir o preço de nossas *commodities*, aumentando as divisas e o poder concorrencial nosso, tem o condão de fazer o alimento chegar mais barato à mesa do trabalhador.

Abril de 2016

DILMA E O GOVERNO RESPONDEM A AÇÃO DE 200 BILHÕES

O setor ferroviário brasileiro, malgrado a toda a nação, vem sofrendo há quase um século. Desde a crise do café de 1929, pelo menos em termos relativos, só pioramos no setor. Os anos 1930 perdemos pelos reflexos da quebra da bolsa de Nova York. Nos anos 1940, começou o assédio rodoviarista americano. A partir de 1950, anos JK, fomos sendo persuadidos de que tínhamos de ocupar o país para garantirmos as fronteiras e isso somente poderia alcançado com estradas de rodagem. Isso enquanto nos empurravam as fábricas de veículos que haviam sido trocadas por mais modernas na América do Norte. Os títulos que detinham da nossa dívida nos punham de joelhos.

Aí veio o militarismo, que mais cuidou da segurança nacional e deu sequência ao rodoviarismo, sendo icônica neste sentido a Transamazônica. Na sequência, Sarney anunciou a Norte-Sul. Vivas gerais! Mas logo se viu que era mais bravata e desvio que trilho. O governo Collor chegou com a própria ferrovia na própria propaganda eleitoral, mas depois... Os anos FHC prometiam, mas foram catastróficos, outorga pura e deletéria.

Chegou o Lula, governo popular: agora vai! Foi a corrupção nas obras, e mesmo obras terminadas permanecem paradas. Considerando trágico esse estado de coisas, a FerroFrente, que congrega forças pela volta das ferrovias ao país, vendo malogradas inúmeras tratativas, impetrou Ação Civil Pública contra o Governo Federal e a presidente Dilma requestando indenização pelos prejuízos decorrentes dos desvios e desmandos administrativos, estimada em cerca de 200 bilhões de reais, a serem recolhidos a um fundo especial de investimentos nas ferrovias.

Esse fundo deverá ser capaz de preparar o futuro do setor e assim retirar o país do caos logístico instaurado, causa de infindos prejuízos, morte nas estradas e emissões desnecessárias — vez que o trem polui menos e assim aquece menos o planeta, ceifa menos vidas nas cidades decorrentes da fumaça dos ônibus e de acidentes, e evita mortes nas rodovias, tão lamentáveis por desnecessárias.

A ação tramita na 22ª Vara Federal do Distrito Federal, sob número 00628/29-12.2015/4.01.3400, e teve no dia 30 de março último o acolhimento do juiz e intimação de todas as partes do polo passivo da Ação Civil Pública: Dilma Rousseff; União Federal; Ministério dos Transportes; DNIT; EPL e VALEC. Todos são réus solidários do processo, porque pilares da política ferroviária vigente no Brasil. A Ação é ampla, seu núcleo refere-se ao fato de que em maio de 2014 o Governo Federal inaugurou a parte da Norte-Sul que liga Palmas (no Tocantins) a Anápolis (em Goiás). O trecho de 855 km, contudo, nunca foi ativado, o que representa grave dano ao patrimônio público, já que sujeita a mencionada infraestrutura ao abandono. Sem manutenções periódicas, a ferrovia vem sendo degradada, causando prejuízos à logística, aos produtores da região e à toda população, vez que ela baratearia sobremaneira os alimentos e demais produtos, facilitaria a locomoção e ofereceria possibilidades a todos e em amplo sentido, além das vantagens ambientais e de segurança nas estradas.

Abril de 2016

NÃO, MONOPÓLIO DA CORRUPÇÃO

Vem sendo vazadas, ora pela Polícia Federal, ora pela Operação Lava Jato, sequentes listas de novos arrolados no amplo esquema de corrupção que grassa no país há várias décadas. Pode-se, sem exageros, dizer que praticamente todos os principais agentes públicos do país nela figuram. Há mesmo algo de podre em nosso Reino.

O que se ouve nos piores corredores de Brasília aponta para um grande acórdão posto em curso desde a divulgação dessas novas listas. Contra esse conluio é forçoso levantarmos a voz e, se preciso, bandeiras. Porque a Lava Jato representa hoje a única esperança de realmente virarmos uma longa e interminável página de nossa história, carregada de mistérios, complôs e dossiês... Que culminam todos em grande festa, uma festança com o dinheiro público.

Cabe perguntar o porquê de as listas receberem o véu do segredo de justiça. Ora, se a conversa da Presidente da República foi vazada horas depois de ocorrida, por que listas desta importância e envergadura devem ficar retidas? Isso, per si, depõe contra a investigação e pode, sim, ser o germe da destruição que pode ter sido colocada em curso, como tudo faz parecer. É contra essa destruição que é mister lutarmos. Os novos figurantes dessas listas saíram rápido em defesa própria, no mais das vezes ostentando recibo de uma certa cervejaria e dizendo que a doação foi legal e declarada e aprovada pelo Tribunal de Contas. Tudo nédio e bem composto. Maravilhoso se fosse verdadeiro, mas lobistas e corruptores declararam à Lava Jato o que todos sempre soubemos. Exceto poucos e minúsculos casos, não há doação de campanha, o que há é propina oficial, tão ou mais grave que a de caixa dois.

Por seu turno, o governo, na pessoa de seu representante maior, que não é a Presidenta, mas seu afiançador político, o ex-presidente Lula, também tenta o mesmo estrago, com o mesmo fim. Em recente discurso na CUT, para pressionar o seu Juiz e atrapalhar a justiça disse: "vocês deveriam procurar o juiz Moro para perguntar a ele sobre o prejuízo que a Lava Jato estará causando ao país". Agiu, portanto, tentando desacreditar a justiça e atrapalhar as investigações, e o fez deliberadamente, não há como duvidar, para comprová-lo basta assistir ao registro em vídeo. Assim tendo percorrido um tipo penal, o da obstrução da justiça.

A Lava Jato tem que continuar e todos os envolvidos na corrupção devem ser exemplarmente punidos. Não é honesto, correto e sério aceitarmos impunemente e calados um acordão para livrar das garras da justiça todos os que tenham comprovadamente delinquido e assaltado os cofres públicos. Que o PT errou não há como negar, que o ex-presidente Lula explica mal e não convence, idem e, portanto, temos que cobrar que sejam julgados e culpabilizados pelos atos que tenham cometido. A justiça precisa ser equânime, é essa equidade que a empodera, que justifica a força de um tribunal. Sem igualdade no tratamento aos diversos cidadãos e instituições, entraremos num perigoso campo, a saber, a suspensão do estado de direito.

Mais do que tudo, não podemos nos aquietar, nem acovardar na luta para que esses dois anos de intensa investigação, não importando sequer discutir os motivos que a puseram em curso, não sejam malogrados por esse abjeto acórdão. A julgar pela lista, a corrupção em nosso país não tem partido ou ideologia. Ela está arraigada e é inerente à política vigente. Há tempos temos pedido reformas, é tempo! Os nomes, de 24 diferentes partidos, envolvem, inclusive, os presidentes das duas casas legislativas e o vice-presidente da República (todos na linha de sucessão), bem como boa parte da própria comissão de impeachment. Não queremos dizer com isso que estamos contra o impedimento em si. São fatos que evidenciam o grau de institucionalização nacional da corrupção, responsável pelas mazelas que todos temos sofrido.

Se, por um lado, criminalizar apenas um partido é dar monopólio da corrupção aos demais, deixar a Lava Jato morrer é instituir um alvará estatal aos corruptos, o que certamente será comemorado por quem não tem interesse no Brasil, senão em si e nos interesses menos confessáveis.

Março de 2016

UM GOLPE NO TRABALHISMO?

Apenas para organizar o raciocínio que se deseja estabelecer aqui, cabe lembrar que a oposição entre capital e trabalho é histórica e vem tendo mais ou menos os mesmos contornos desde a ascensão da burguesia, que depôs a aristocracia no final do dezoito e meados do século dezenove na Europa ao comando das nações ocidentais.

O objetivo mais geral de cada nação é seu desenvolvimento econômico. Isso depende, claro, da geração de riqueza, e na origem dessa, tanto na simples extração quanto na mais sofisticada industrialização, opõem-se duas forças que, se congraçadas e em sinergia, têm o condão de gerar essa riqueza: justamente o capital e o trabalho.

Sozinho, o capital pode gerar lucro para seu possuidor, na forma de juros, por exemplo, mas isso apenas faz o capital circular, não gera riqueza alguma à nação. A seu turno, a força trabalhadora pode trabalhar o dia inteiro em casa, por exemplo, mas novamente nenhuma riqueza é gerada. A real criação de riqueza é fruto da união desses dois vetores que se mantêm em permanente embate, mas também constante interdependência.

Foi já na primeira burguesia empoderada – resultante da Revolução Francesa (1789-1799), que surgiu a oposição ideológica de esquerda e direita. Mais exatamente quando passaram a ocupar diferentes lados dos assentos da Câmara: os deputados alinhados ao liberalismo, que entendiam que todos deveriam ser livres para investir e competir diretamente, assentavam-se à direita; já os deputados que entendiam que as pessoas nasciam em condições muito diversas e que pô-las para competir frontalmente era injusto, sentavam-se à esquerda.

Essa dicotomia permanece até nossos dias e nada faz crer que desapareça tão cedo. Inicialmente, o que prevalecia era a direita, cabendo à esquerda a luta por direitos sociais, como diminuição dos turnos de trabalhos, que nas fábricas da época eram de dezesseis horas diárias de segunda a sábado. O direito à saúde do trabalhador e à aposentadoria por tempo de serviço foram resultado da luta dos políticos de esquerda e dos trabalhadores organizados em sindicatos. Mas foi uma luta desigual, que cobrou muitas vidas.

O próprio Dia do Trabalhador, primeiro de maio, está diretamente ligado a essa luta. Em primeiro de maio de 1886, milhares de trabalhadores foram às ruas de Chicago, nos Estados Unidos, reivindicar a redução da jornada de trabalho para oito horas diárias. Uma escaramuça com a polícia resultou na morte de três manifestantes. No dia seguinte, desconhecidos lançaram uma bomba em meio aos policiais, matando um agente; na contenda que se seguiu sete tombaram. A polícia abriu fogo sobre a multidão, ferindo dezenas e matando doze pessoas. Cinco sindicalistas acabaram condenados à morte após o episódio.

Ao analisar a história o que vemos é que desde a ascensão da burguesia na França, que coincidiu com a eclosão da Revolução Industrial na Inglaterra, vemos uma luta constante para evitar que o capital se sobreponha desmesuradamente sobre o trabalho, trata-se de uma luta constante e de muitas idas e vindas.

No pós-guerra, a União Soviética estava forte sob Stalin, e a Europa se preocupou que seus trabalhadores ouvissem o canto da sereia do gigante comunista e pra lá se enviassem e implantou uma política que ficou conhecida como estado de bem estar social, que concedia, além de salários atraentes, férias, assistência gratuita à saúde, estabilidade no emprego, aposentadoria etc. Mas, ao final dos anos sessenta, já estava claro que os Soviéticos definhavam e essa política foi sendo desmontada aos poucos, culminando no neoliberalismo de Margaret Thatcher e Ronald Reagan.

No Brasil, tivemos os primeiros avanços significativos com

a assunção de Getúlio Vargas ao poder, via Revolução de 1930, depois de ter perdido as eleições para o candidato situacionista Júlio Prestes, ligado a Washington Luiz e à Velha República. Getúlio, que participou da eleição com a bandeira trabalhista, alegou fraude eleitoral e tomou à força o poder central. Em 1937, ele deu um golpe dentro do golpe e criou o Estado Novo. Em 1939, instituiu a Justiça do Trabalho e em 1943 criou a CLT.

Depois dessa época, tivemos alguns outros períodos em que os direitos trabalhistas obtiveram alguma centralidade, primeiro na volta de Getúlio, daí pelo voto, em 1950, e depois em 1961, quando depois da renúncia de Jânio Quadros, assumiu o trabalhista João Goulart. Em 1964, adveio o golpe militar e com ele foi proibida a luta e inclusive criminalizadas as greves trabalhistas, algo que só foi enfrentado já no final dos anos setenta, com destaque para o Sindicato dos Metalúrgicos, à época sob a égide de Luís Inácio da Silva, o Lula. Restabelecida a democracia, os direitos trabalhistas passaram a receber atenção novamente e, mesmo no governo neoliberal de FHC, houve avanços trabalhistas e sociais. Com a chegada do metalúrgico ao poder, os direitos trabalhistas, que estavam sob ataque, vez que inflacionariam o "custo Brasil", foram sendo mantidos e alguns novos conquistados. Destaque para o piso salarial dos professores, em 2008. Agora, após quatro vitórias subsequentes do PT, forças políticas contrárias a ele se preparam para assumir o poder por via indireta: sem voto. E, ato contínuo, sem a menor perda de tempo ou pudor, projetos que reduzem os direitos trabalhistas estão dando entrada na Câmara e no Senado. Os mais graves referem-se, pela ordem, ao direito de terceirizar a atividade fim e de impedir a retirada do Fundo de Garantia por ocasião da demissão, mesmo que sem justa causa. Vale ressaltar que foi criado exatamente para proporcionar a segurança familiar do trabalhador no momento de instabilidade da saída involuntária do emprego.

Em primeiro lugar, é preciso dizer que repudiamos que algumas atividades dentro de uma empresa possam ser terceirizadas, criando uma espécie de funcionários de segunda categoria, vez que tem desde salários inferiores a direitos reduzidos se comparados aos funcionários da empresa mesma o que é absolutamente injusto: o pessoal que limpa a empresa tanta importância quanto o pessoal da produção, sem eles a empresa não anda, contudo, como sabemos, a mulher que nos serve o café na antessala não tem os mesmos direitos da secretária que nos atende. Isso é repugnante! Em segundo lugar, é preciso deixar claro que lutaremos contra a liberação da terceirização da atividade fim, até porque, se fosse liberada, seria rasgar a CLT e representaria a consumação mais cruel desse golpe que se está dando na democracia.

Em terceiro lugar, queremos dizer que vamos lutar pelo fortalecimento dos sindicatos e, claro, cobrar deles que sejam mais operantes.

Tradicionalmente comandado pelo PDT, partido ao qual sempre estivemos alinhados e agora estamos nos filiando, o Ministério do Trabalho há de agir conjuntamente para evitar esse desastre.

Nossa luta ferroviarista sempre foi também uma luta trabalhista, sempre a os trabalhadores do trem e, dado o momento excepcional que nos cobra, pretendemos estender nossas mão e nossa luta a todos os trabalhadores do Brasil. Nossa nação é díspar, múltipla, e todos cidadãos devem ser atendidos. Na hora da crise enfraquecem todos, mas os mais fracos muito mais.

No seu recente artigo na *Folha de São Paulo*, o sempre louvável Dráuzio Varella, ao criticar os votos dos deputados, insinua que a culpa de ter tais deputados é do povo brasileiro, que faz gato de luz no poste e comete outras infrações. Segundo ele, nossos políticos são o espelho desse povo. Mas o senhor me desculpe, Senhor Varella, desta vez o Senhor errou feio. Quem tem de dar o exemplo é a classe de cima, e não o inverso. Se há entre o povo alguém que por necessidade ou maldade faz uma ligação clandestina de luz, isso não desmerece o povo como um todo, e, se há culpado desse estado de coisas, esse culpado é aquele que deveria dar o exemplo, mas só dá contraexemplos.

Afinal, se por um lado roubar oito ou oitocentos é crime de mesma cepa, por outro não podemos comparar o surrupio de uma ligação elétrica residencial aos empréstimos subsidiados do BNDES, às desonerações fiscais duvidosas e a corrupção generalizada.

O trabalhador é praticamente o único que paga impostos nesse país. As empresas não pagam um centavo sequer, repassam tudo ao consumidor. Os bancos não pagam centavo, debitam na conta do cliente.

Precisamos assegurar nessa hora grave que os direitos historicamente adquiridos sejam respeitados e preservados. Para isso, precisamos contar com uma sociedade civil vigilante e um Parlamento menos promíscuo e comprometido com objetivos paroquiais medíocres, que em quase nada colaboram na coisa pública.

Por fim, convocamos os amigos sindicalistas a que façam uma autocrítica. É hora de nos unirmos. De descentralizar decisões e abdicar de eventuais privilégios.

O momento é difícil, mas nos manteremos vigilantes. Em política, malgrado tanto se fale nele, não existe centro. Existe direita e esquerda, seja extrema ou moderada. Temos um lado, somos de esquerda moderada, não apoiamos o comunismo, mas lutamos pela Social Democracia. Temos orgulho do lado que escolhemos e não nos acovardaremos frente às pressões contrárias, venham de onde vierem.

Contudo, é mister esclarecer, ao assumirmos o lado dos mais fragilizados e desprotegidos, que não estamos, ato contínuo, aceitando os desmandos e os desvios lamentáveis do atual governo. Defendemos a continuidade do combate à corrupção e a punição dos culpados julgados dentro do estado democrático de direito, respeitada a ampla defesa e o contraditório.

Tampouco somos ingênuos ao ponto de pensar que só nesse governo houve corrupção, e que só políticos socialmente engajados mereçam ser presos quando delinquem. Ingênuo e até romântico é pensar o contrário. Exigimos uma justiça cega e equânime. A atual indolência da Lava Jato, iniciada logo após a aprovação do impeachment na Câmara, nos põe de sobreaviso nesse sentido.

Sabemos que considerando o avanço das forças conservadoras no país, estamos nadando contra a maré. O fazemos com orgulho e firmada convicção. Vivemos ainda numa sociedade brutalmente desigual e injusta e nada mais justo que defender princípios garantidos na nossa constituição.

QUE TREM!

O setor ferroviário brasileiro, malgrado de toda uma nação, vem sofrendo faz quase um século. Desde a crise do café de 1929, ao menos em termos relativos, só pioramos no setor. Os anos trinta foram perdidos pelo reflexo da quebra da bolsa de Nova York.

Nos anos 1940, começou a assédio americano em favor do rodoviarismo. Os anos 1950, de JK, foi a festa americana completa: por um lado nos convencendo que tínhamos de ocupar o país para não sermos invadidos, e isso só poderia se fazer com estradas de rodagem, por outro lado nos empurravam as fábricas de veículos que haviam sido trocadas por mais modernas no país deles. Os títulos da nossa dívida externa que detinham nos deixavam sem saída.

Aí veio o militarismo, que só cuidou da segurança nacional e continuou o desbravamento rodoviário, sendo a Transamazônica o bolo da cereja. Na sequência, Sarney anunciou a Norte-sul, vivas gerais. Mas logo se viu que era mais bravata e desvio que trilho. Collor chegou com a ferrovia na própria propaganda, depois: quem te liga?

Os anos FHC prometiam, mas o que aconteceu foi catastrófico, outorga pura, simples e deletéria. Chegou Lula, governo popular: agora vai! Foi, mas corrupção e obras, mesmo as terminadas, paradas.

Foi um cenário que deixou o PSDB (também pela extinção da Fepasa pelo Covas em São Paulo) e o PT como os partidos algozes do trem. Mas Sarney era do PMDB... Era, mas aquilo foi arranjo, ele era PFL e sempre foi visto como apêndice civil dos militares. Só mudou ao PMDB, ao qual sempre havia sido oposição, para ser vice do Tancredo Neves. Apesar do malquistar que devota o ramo ferroviário ao PSDB e ao PT, o PMDB está no governo desde o final do governo militar. Foi parte atuante tanto nos desvios quanto nas privatizações açodadas e mal explicadas, mas como nunca ocupou o executivo federal nunca foi janela, tem passado incólume, ou quase.

A hora e a vez

Visando o dinheiro federal reservado às obras da Copa do Mundo, o então governador de Mato Grosso, Silval Barbosa (PMDB), que atualmente se encontra preso, aprovou rapidamente um projeto de VLT de 23 km para Cuiabá e assim meteu a mão nessa botija.

Ocorre que, para operar essa extensão, se fosse usada a velocidade e intermitência máxima seriam necessárias 29 composições de sete vagões, mas estava fácil: ele comprou 40. Mesmo considerando que três composições inteiras ficassem à disposição para uma eventual substituição, sobram oito, ou seja 56 vagões, que custaram a bagatela de R$ 120 milhões aos cofres públicos.

A atual realidade é que a obra sofre denúncia de direcionamento na licitação, pagamento de propina de R$ 80 milhões, má execução técnica e compra inútil de 56 vagões de trem. O VLT de Cuiabá já esgotou mais de R$ 1 bilhão e ainda não se atingiu nem metade da obra.

E nenhuma deficiência no desenvolvimento da região foi considerada; comprou-se o melhor e mais caro. E o próprio governo aponta que a obra não fica pronta antes de 2020. Então, por que comprar antes? Você estaria pensando que foi para garantir logo a corrupção? Pode ser. Mas uma coisa é certa, houve também erro de projeto, e nada tem prejudicado mais o setor que a falta de estudos apropriados, a falta de projetos adequados. A crise nos impede as obras? É a hora: projetemos, Brasil!

Março de 2016

A VERDADE CONSTRUÍDA

O que é a verdade? Para alcançá-la bastaria pronunciar a palavra em grego antigo, como é o caso do nome da mais nova ação da Polícia Federal em cumprimento às decisões judiciais na operação Lava Jato?

Difícil definir o que seja o real, o que seja a verdade. Mas do que ela não seja podemos nos aproximar. Por exemplo, por certo só nos afastamos dela quando a buscamos por conveniência ou por interesses menores, sejam de ordem política, ideológica, partidária ou de revanchismo pessoal. São fartos os exemplos na história da humanidade em a vontade de manipular os fatos com maniqueísmos custou muito caro. Foi assim com o nazismo formulador do nefasto, num mentiroso e criminoso processo de comunicação a embasar a má ação concreta. Importa destacar que esse procedimento não tem lado definido, se dá à direita e à esquerda. Veja-se o quanto os "brilhantes" pensadores da revolução soviética de 1917 imaginaram poder manipular a história, omitindo fatos, desconstruindo biografias em tanto inúmeras quanto infrutíferas tentativas de contar uma história diferente da História. Neste momento difícil no nosso país, seja do ponto de vista político, econômico ou, sobretudo, moral, não podemos assistir abestalhados, inertes o que estamos testemunhando. Somos parte desse processo de depuração, não nos é dado assumir o confortável papel de espectadores distantes, alheios, tão somente na torcida.

Pouco nos contribuirá a simples mudança da chefia do Governo Federal, ainda que, sem dúvida, a ocupante se encontre sem capacidade de governar, de fazer escolhas, vez que está completamente desacreditada. O problema é muito mais complexo: o sistema político está pervertido, corrupto per si. Que grande momento, por exemplo, para reavivarmos a ideia de uma profunda reforma política que contemple o parlamentarismo, a redução de partidos, que hoje mais apropriado seria dizer quadrilhas. O mal é sistêmico, envolve praticamente todas as agremiações partidárias, em suas diversas instâncias de poder. O monstro da corrupção tentacular alcança as mais variadas regiões e agremiações políticas.

Urge a convocação imediata de uma NOVA CONSTI-

TUIINTE, que, além de cidadã, nos dê uma carta constitucional adequada ao nosso tempo, calcada na experiência recente. Que lamentável a vitimização que tentam ex-presidente Lula e a atual presidenta Dilma, claramente tentando enganar a nação e o mundo.

Quão lamentável que parte da militância do Partido dos Trabalhadores, de tanta história opressão sofrida, se entregue ao tosco jogo de agressões a jornalistas que cobrem os fatos, missão nobre em si e necessária a nós todos.

Se é lamentável que alguns veículos de comunicação estejam comprometidos com o jogo do poder e não com a busca da apuração imparcial dos fatos, da notícia, da história que pulsa nas ruas, não podem os profissionais da notícia, independentemente dos usos que dela façam esses veículos, pagar no próprio corpo a frustração dessa parcela de pessoas. Talvez nosso principal mal não seja o moribundo governo, mas o fato de termos uma oposição tão débil e covarde. Sem oposição de qualidade, a democracia mesma é relativizada, tendente à nulidade.

Vivemos um momento judicialista em função dessa debilidade política. Atenta a esse estado de coisas, a nossa FerroFrente, buscando honrar os milhares de voluntários, colaboradores, críticos e apoiadores, tem tido inúmeras iniciativas jurídicas.

Março de 2016

Santos

Apesar de este livro tratar mais especificamente das questões relativas às ferrovias, como trata-se de um assunto diretamente ligado às questões de mobilidade e de logística, devido a esta última os portos são de suma importância ao tema, inclusive, as questões de ferrovias rumo ao porto de Santos tiveram absoluta centralidade em meu estudo de doutoramento.

Neste contexto, não pude deixar de me posicionar quanto ao incêndio ocorrido no bairro Alemoa, em Santos. O que se segue são alguns dos artigos que jornais e demais meios de difusão.

Mal iniciava abril e mais uma vez o maior porto da América Latina se via novamente ameaçado por um sinistro de grandes proporções. Toda a logística ameaçada, todo o patrimônio público investido ameaçado, a população em pânico. Toda Santos a mercê de um milagre, a mercê dos santos. Sim, por milagre os enormes prejuízos e efeitos nefastos não se espalharam e comprometeram desde o conteúdo do tanque até a imagem do nosso país; desde o desafio da lógica à vida de inocentes, desde o grande porto à cidade histórica de Santos.

Acidentes, contudo, acontecem e é difícil uma operação que não envolva algum risco. A usina de Chernobyl (de pretenso risco zero e que em abril [sempre o aziago abril] de 1986 matou milhares de pessoas e prejudica outras tantas até os dias atuais) não me deixa mentir. Mas a questão que se coloca é: qual a intensidade de risco é necessário assumir? No caso em tela vários fatores mostram que ele é muito maior que o necessário e estamos aqui para, junto com a população, cobrar que seja diminuído. Como se verá, não é tão difícil reduzir esse risco, basta atentar para os problemas. Evidente está que não temos varinha de condão, nem soluções mágicas, mas única nos auxilia a lógica, e, diga-se, uma lógica básica, um raciocínio quase elementar.

Em primeiro lugar, a questão dos escritórios ao lado dos tanques. Um projeto desses precisa ser levado a juízo, alguém precisa ser responsabilizado, sob pena de nunca acontecer nada, digo, de nada vir a mudar. Além da óbvia exposição da vida dos trabalhadores, em se salvando estes a documentação mesma fica comprometida.

Na verdade, há algo primeiro, algo que se faz primeiro: há que se mudar as normas técnicas. Nossas normas estão, por assim dizer, subdimensionadas, especialmente se considerarmos as vigentes nos grandes portos europeus.

A distância mínima entre os tanques, como é notório, precisa ser elevada pelo menos ao ponto de alcançar a condição de quando um tanque sofrer sinistro não colocar, ato contínuo, os demais tanques vizinhos em risco iminente.

Outro fator que tem se mostrado falho é referente à fiscalização. Uma maior fiscalização é condição s*ine qua non* para que esses riscos sejam contidos. Não acusamos aqui os agentes fiscais, que têm realizado razoavelmente seu trabalho, mas eles são poucos, mal preparados e aparelhados. Infelizmente a tecnologia tem sido muito rapidamente aplicada no entretenimento e nas quinquilharias a serviço da notabilidade, da distinção entre pares, da ostentação, mas é esquecida em questões de tão sumária importância como a segurança. É preciso também mais coragem para aumentar a fiscalização, com o rigor que a situações requerem, e exigir o cumprimento das atuais normas e regulamentos. Sem esmorecer, responsabilizar e multar todos os envolvidos que licenciaram ou licenciam atividades dessa importância e risco. Fazemos essas observações na semana de importante reunião na Associação de Engenheiros e Arquitetos de Santos, a respeito do assunto aqui tratado, evento merecedor de todo o nosso apreço e apoio, assim como foi o realizado pela OAB–Santos. E, além disso, este artigo procura divulgar, por meio deste prestigioso jornal, orgulho de todos nós na Baixada Santista, o surgimento do Comitê de Acompanhamento pela Cidadania das ações e providências que estão sendo adotadas e outras que poderão vir a colaborar no combate efetivo às causas reais do lamentável e previsível incidente.

Desse comitê, participarão especialistas de diversos segmentos, tais como biólogos, engenheiros, urbanistas, advogados entre outros, não como representantes das entidades já envolvidas e empenhadas, tais como a OAB, o CREA e a Associação de Engenheiros, mas como especialistas, estudiosos, professores e técnicos, que voluntariamente colaborarão, inclusive, na apuração dos fatos ora investigados no Inquérito Civil aberto pelo Ministério Público.

Maio de 2015

UM PORTO ÍMPAR E O PODER

Em crise de governabilidade instaurada, entre outros, pelo Petrolão, o governo tenta reagir para recuperar credibilidade e, consequentemente, poder político que ora, como temos assistido, tem sido retido nas mãos do Legislativo, mais exatamente, nas mãos dos presidentes da Câmara do Senado Nacional.

Um dos maiores trunfos do governo foi levado a efeito ontem por meio do anúncio do investimento em logística, na ordem de 200 bilhões de reais. Segundo a própria presidenta, "investimento em logística dará impulso a empregos e crescimento econômico".

Mas não nos animemos, senhores, trata-se apenas de mais do mesmo. Sim, em 2012, com não menor pompa, nem circunstância, ainda em seu primeiro mandato, Dilma anunciou o PIL, Programa de Investimento em Logística, em moldes muito parecidos com o anunciado ontem, mas que praticamente não saiu do papel.

O Brasil precisa de trilhos, a economia brasileira não tem como decolar sem eles. Muito bem, dos 198,4 bilhões anunciados, 86,4 foram destinados às ferrovias. Só poderia ser melhor se fosse verdade, vez que, desse montante, 50 bilhões é dinheiro chinês, investido numa ferrovia transnacional que ligará o Atlântico ao Pacífico, atendendo a um interesse deles, dos chineses.

Agora, por favor, raciocine comigo. Um governo que anunciou ferrovias em 2012 e não assinou uma única concessão até o momento merece credibilidade quando faz um novo pomposo anúncio? Um governo que diz que é concessão sua uma ferrovia transnacional e soma o dinheiro investido nela no seu "pacote de concessões" merece recuperar a popularidade perdida?

Mas o pior está em outro lugar, no tipo de concessão que vai fazer. Depois de anunciar que faria a concessão no modelo de *Open Acess* (hoje obrigatório em toda a União Europeia pelos benefícios e equidade), simplesmente recuou e fará as concessões ditas verticais (ainda que continue blasonando o contrário), um tipo de concessão que cria verdadeiras estradas privadas no país. Motivo de vergonha nacional e alav[1]anca de atraso econômico. Veja que isso em nada tem a ver com pedágio. Numa rodovia pedagiada trafega quem quiser, bastando pagar a tarifa. Nestas ferrovias, só trafegarão o investidor e quem a este interessar, se interessar.

Santos, uma cidade umbilicalmente ligada ao maior porto da América Latina, por sua vez dependente da logística, especialmente da logística ferroviária, que a desafogaria, está novamente sendo lesada. São muitas as dúvidas e incertezas, mas uma coisa é certa: a iniciativa – positiva – da concessão para buscar investimentos foi tomada, contra isso não podemos nos opor.

Junho de 2015

É MUITO POUCO, OAB

Segundo o site da Subseção da OAB de Santos, em reunião na OAB Santos, a Ultracargo se comprometeu com cestas básicas aos pescadores afetados no incêndio da Alemoa. Parece bom, o mínimo seria arcar com os prejuízos que causou e as cestas representariam algo de relevo social. Mas não se engane, ela não está dando cesta a ninguém, tão somente está transportando as cestas enviadas pelo Ministério da Pesca, socializando, portanto, o prejuízo que ela própria causou.

Diz literalmente o site da OAB Santos:

"O Comitê Especial de Defesa do Meio Ambiente e da Sociedade Civil, criado pelo presidente da OAB Santos, Rodrigo Julião, realizou no dia 28 de maio uma reunião com representantes de diversos setores para estudo e acompanhamento do caso do Incêndio nos tanques da Ultracargo no Pólo [sic] Industrial da Alemoa. Durante o encontro, o gerente executivo e representante da presidência da Ultracargo, Fernando Coutinho, se comprometeu a providenciar a vinda de cestas básicas para a Baixada, emergencialmente aos pescadores afetados com o incidente, e que foram doadas pelo Ministério da Pesca e Agricultura.

De acordo com informações relatadas pela coordenadora do

Comitê, Luciana Schlindwein Gonzalez, a representante do Ministério da Pesca e Agricultura, Diana Gurgel Cavalcante, informou que foi conseguida a disponibilização de 2.500 cestas básicas que estão acondicionadas em Bauru e serviriam emergencialmente aos pescadores afetados com o incidente, porém não há verba para trazê-las."

Com todo o respeito devido, mas o papel a que se arvora nossa entidade exige ou que consiga mais ou que reconheça que nada obteve. Da forma em que está colocado parece que a OAB exigiu e a Ultracargo concedeu algo relevante. Quando a nosso entender relevante seria saber:

• Por que reduzir a multa da empresa alegando que ela ajudou a conter o incêndio que ela mesma provocou? • Por que cobrar nova taxa de incêndio de toda a população? • Os bombeiros precisam de novos equipamentos? Se sim, quais?

• Quanto foi arrecadado e quanto do montante foi aplicado em equipamentos?

• Havia e, por outra, há novas licenças ambientais e de funcionamento da empresa?

• Quanto à exigência de descontaminação da área onde está localizada a empresa?

Por que não foi feita e exigida, como se fez com outra empresa na mesma região, também localizada em área contaminada, exigindo-se a descontaminação? Por quê? São muitas as indagações sem respostas e não podemos deixar de dizer que ficamos desapontados com o fato de a reunião com a OAB ter rendido fruto tão parco. Contudo, acreditamos que brevemente essa entidade há de nos mostrar algo mais consistente, vez que é um órgão de tão alto respaldo moral e que tem atribuição precípua de tribunal de ética. Evoé!

Junho de 2015

FerroFrente

A luta pela volta das ferrovias no Brasil tem muitas vozes e muitos pleitos. Visando uma maior unificação e, ao mesmo tempo, base institucional para acionar órgãos, empresas e pessoas, eu e alguns companheiros que erguemos essa bandeira fundamos a FerroFrente.

Como conclusão deste livro apresento a documentação de fundação, cujo teor explicita sua finalidade e forma de ação. O objetivo com essa publicação é dar maior transparência e divulgar os propósitos de nossa entidade.

INSTITUCIONAL

A FerroFrente – Frente Nacional pela Volta das Ferrovias é uma associação suprapartidária que luta por uma bandeira de alto interesse nacional, a volta dos trilhos.

Este é um artigo militante, que apresenta a Associação e dispõe sobre sua estrutura e fins. O primeiro escopo deste artigo é o de dispor as bases da FerroFrente, apresentar seu Manifesto, seu Estatuto, Ata e demais documentos que demonstram com transparência sua finalidade e compromisso público.

A função precípua desse escrito, contudo, é a de convidá-lo a participar da nossa grande intifada pela volta das ferrovias ao país, seja pelo apoio ao Projeto de Lei de origem popular que a Ferrofrente encabeça, seja pela sua adesão à FerroFrente, à FerroFrente- Mulher ou à FerroFrente-Jovem.

Esta Frente resulta de décadas de estudos e pesquisas e foi viabilizada pelo apoio de muitos, entre os quais é mister destacar o apoio abnegado de João Carlos DiGenio, reitor da UNIP, educador ímpar e um dos maiores pensadores do Brasil moderno.

Cumpre também destacar o apoio de Valter Pedro Bodini, ex-presidente da FEPASA e Presidente Honorário da FerroFrente que, aos 90 anos, continua participando na luta pela ferrovia e pelo país. Que a homenagem à Bodini represente nosso respeito e consideração por todos os ferroviários e simpatizantes do trem no Brasil.

MANIFESTOS

A FerroFrente é uma entidade sem fins lucrativos dedicada a divulgar a importância e lutar pela volta do trem, seja:

Pelo aspecto econômico e macroeconômico, visto que o frete do trem custa apenas um sexto do valor do frete por caminhões, o que, entre inúmeras outras vantagens, aumenta sobremaneira a competividade do nosso país no mercado internacional;

Pelo aspecto ambiental, visto que o trem emite apenas um quarto do CO_2 e demais gases de efeito estufa que poluem o meio ambiente, adoecem as pessoas e aquecem o planeta;

Pelo aspecto social, visto que se transportado por trens, os não perecíveis da cesta básica, por exemplo, podem custar até metade preço, a depender do lugar e da época do ano. Devido, por um lado, a um infortúnio histórico e, por outro, ao lobby das montadoras de veículos, desde a década de 1950, o Brasil vem investindo apenas em rodovias, legando ao abandono uma rede férrea construída:

Com o esforço de muitos ao longo de mais de cem anos de construção de ferrovias no País;

Com o dinheiro de todos, visto que o governo do Brasil, valendo-se do Tesouro Nacional, acabou estatizando quase a totalidade das redes ferroviárias quando formou a RFFSA, em 1957.

É na conscientização da importância e contra o atual estado de abandono dos trilhos que se concentram os esforços da FerroFrente.

As principais ações concretas da FerroFrente são:

Conscientização por meio de palestras, seminários, publicações literárias, panfletos, banners, flâmulas, cartazes etc.;

Formulação de propostas de políticas públicas, inclusive com a proposição de Projetos de Lei de origem popular que corroborem à causa;

Atividades de pesquisa e desenvolvimento no setor de mobilidade de forma geral;

Produção de banco de dados confiável, disponível para a imprensa, escolas e universidades, visto que os dados que se encontram acessíveis são díspares, contraditórios e tendenciosos;

Apresentar denúncias ao Ministério Público, bem como pedidos de abertura de investigações e de inquéritos civis para os desmandos que prejudicam essa causa de tão alto interesse nacional;
Buscar apoio de entidades reconhecidas para que nos balizem e, quando for o caso, orientem e/ou assessorem ações;
Promover ações que visem incluir nos currículos das escolas de Ensino Médio a disciplina de *Logística & Mobilidade*, nas quais se discuta a relação desses temas com energia, meio ambiente e direitos sociais.
O objetivo precípuo dessas ações é o de levar e manter o tema na agenda nacional. Para tanto, cada conceito aqui disposto recebe ajustes finos a cada debate nos seminários e plenárias do Conselho Administrativo e Conselho Técnico da FerroFrente.
Uma das ações propositivas da FerroFrente é um projeto de lei de iniciativa popular que propõe que o valor do frete seja estampado na Nota Fiscal de venda, visando à conscientização pública da importância do frete na composição dos preços e, principalmente, a importância dos modais utilizados.
Segue na íntegra o Projeto de Lei:

Projeto de Lei

Projeto de Lei de Iniciativa Popular da Frente Cidadã pela Volta das Ferrovias
Dispõe sobre as medidas de esclarecimento ao consumidor, em atendimento ao inciso III do art. 6° da Lei n° 8.078, de 11 de setembro de 1990 – Código de Defesa do Consumidor, com relação ao custo do frete incidente sobre mercadorias.
O Congresso Nacional decreta:
Art. 1° Na emissão de documentos fiscais de venda ou equivalentes, seja entre fornecedores ou diretamente ao consumidor, o emissor deverá destacar o valor do custo do frete. ¤1° As informações referentes ao custo do frete serão calculadas e expressas em valores

monetários, que, somados ao valor da mercadoria, formarão o valor total do documento fiscal.

¤2° Além dos valores, deve ser indicado o principal modal de transporte utilizado, tal como rodoviário, ferroviário, cicloviário, aeroviário, hidroviário, ou dutoviário.

¤3° A obrigatoriedade prevista neste artigo terá validade, inicialmente, no município de São Paulo, a partir do exercício seguinte à publicação desta lei, e será implantada nos demais municípios no ano seguinte.

Art. 2° Os valores de frete da mercadoria serão excluídos do valor tributável descrito nos documentos fiscais de venda, qualquer que seja o tributo, independentemente da modalidade da venda, devendo os valores de frete ser tributados exclusivamente por meio do documento fiscal de transporte. ¤1° Para o atendimento ao caput, os valores do frete da mercadoria deverão ser apresentados em campo específico do documento fiscal, integrante do cálculo do valor total da operação, preferencialmente entre os campos do valor tributável da mercadoria e o valor total.

¤2° O cálculo do frete das mercadorias deverá ser equivalente à fração proporcional dessas nos Conhecimentos de Transporte recebidos pelo emissor da nota, quando do recebimento do produto, preferencialmente na modalidade eletrônica, conforme regulamento próprio da Receita Federal.

Art 3° O Ministério dos Transportes constituirá uma Comissão para a Avaliação dos Custos dos Modais de Transportes, composta por no mínimo 6 (seis) especialistas que produzirão estudos para dimensionar a eficiência de cada modal de transporte bem como desenvolverão mecanismos de fiscalização e controle da execução desta lei.

¤1° O Ministério dos Transportes deverá constituir a Comissão do caput e lhe dar posse no prazo máximo de 6 (seis) meses contados da entrada em vigor desta lei.

¤2° A Comissão constituída na forma deste artigo deverá, no prazo de 24 (vinte e quatro) meses contados da sua posse, realizar os estudos previstos no caput para os produtos não perecíveis da cesta básica.

¤3° Sem prejuízo do disposto no parágrafo anterior, a Comissão definirá a cadeia de produtos que serão estudados nos períodos subsequentes.

¤4° Os estudos previstos no caput deverão ser publicados pelo Ministério dos Transportes.
Art. 4° Os estudos previstos no artigo anterior deverão observar, pelo menos, os seguintes indicadores:
Emissões de CO2 por TKU;
Consumo de combustível, em litros, por TKU;III. Preço por TKU.
Parágrafo único. TKU é a unidade física de esforço que representa a quantidade de toneladas transportadas por quilômetro útil, e é calculada pelo produto entre o peso transportado e a quilometragem percorrida.
Art.5° Os Estados devem informar, mensalmente, ao IBGE, todos os dados referentes aos fretes, constantes dos Conhecimentos de Transporte, agrupados por modal.
Parágrafo único. O IBGE publicará mensalmente os dados recebidos dos Estados.
Art. 6° O descumprimento do disposto nesta Lei sujeitará o infrator às sanções previstas no Capítulo VII do Título I da Lei nº 8.078, de 1990.
Art 7° Esta Lei entra em vigor na data de sua publicação.
A fundamentação ao projeto é a seguinte:
MANIFESTAÇÕES EM 2013 E O TRANSPORTE
A urgência social da pauta do transporte se revela cotidianamente pelos visíveis gargalos no sistema de transportes brasileiro e em qualquer recorte realizado (da mobilidade urbana ao transporte de carga em longas distâncias).

A capacidade de mobilização popular depende de inúmeras variáveis. Dentre elas, pode-se dizer a mobilização é proporcional ao tamanho da indignação ou da percepção social do problema. As manifestações de 2013 revelaram a natureza precária da atual mobilidade urbana. Como reação ao aumento das passagens de ônibus, a população foi às ruas nas cidades brasileiras, em grandes manifestações que pressionaram os governos a recuar na política até então conduzida quanto à mobilidade urbana.

Baseados na inércia do "cumprimento dos contratos", os governos tinham como natural o aumento das passagens, cujos preços elevados são transferidos diretamente aos usuários. As manifestações impuseram o fim da inércia na pauta governamental: pressionaram os governos a rever os aumentos e, na maioria dos casos, o preço das passagens recuou ao patamar anterior, assegurando o congelamento do preço das passagens.

Sintonizado com este momento histórico, apresentamos neste Projeto de Lei uma contribuição à política nacional sobre os transportes, desafiando a inércia dos governos e do mercado, que transferem aos cidadãos todos os custos resultantes da falta de investimentos inteligentes nos transportes.

TRANSPORTE DE CARGAS E OS CUSTOS PARA A SOCIEDADE

Quando se pensa em transporte de cargas, a primeira imagem mental tende a ser de um caminhão em uma rodovia. Não somente pela cultura popular, mas, sobretudo, pela realidade dos transportes no Brasil, graças à logística desastrosa aplicada pelo Estado brasileiro e pelo mercado. Essa logística desastrosa, como é chamada por José Manoel Ferreira Gonçalves, tem resultado no custo final dos produtos transportados. Isto porque, se comparados com os custos de outros modais, como as ferrovias, hidrovias e dutovias, observa-se que o predomínio do transporte de cargas em caminhões é um preço descomunal arcado pela sociedade brasileira.

Além disso, deve-se registrar que o transporte feito por caminhões disputa o mesmo espaço de outros usos rodoviários, de escalas distintas. Assim, os caminhões que transportam mercadorias competem com ônibus de turismo e veículos de passeio, contribuindo para a falta de segurança das estradas, congestionamentos e a ocorrência de graves acidentes.

Os custos dos transportes rodoviários, além dos aspectos econômicos, isto é, da menor eficiência econômica (relação de custo/[peso x km]) e da mobilidade urbana, também refletem em custos ambientais. O transporte rodoviário chega a ser quatro vezes menos eficiente que o transporte ferroviário e dez vezes menos eficiente que o aquaviário, quando considerado o consumo de combustível.

Analisando a eficiência energética, medida pela emissão de CO2, o modal rodoviário emite 244% mais gás carbônico que o modal ferroviário, e 770% em relação ao modal aquaviário (dados obtidos em GONÇALVES, 2013, p. 71).

Abaixo, alguns estudos detalhados dedicados ao tema:

O documento "Transporte na China: Consumo de Energia e Emissões dos Diversos Modais de Transporte", elaborado pelo Instituto de Pesquisa Ambiental e Energética de Heidelberg, publicado em maio de 2008.

O relatório intitulado "Reduzindo Emissões de Carbono por meio de Estratégias de Controle dos Transportes", do Centro de Pesquisa em Transportes de Pequim, China, de junho de 2012.

Item 6 da "Primeira Comunicação Sobre Mudanças Climáticas", da Venezuela, publicado em 2005, com o tema "Opções de Mitigação de Emissões de Gases do Efeito Estufa".

O relatório sobre demandas de frete da Agência Europeia do Ambiente, nº CSI 036/TERM 013, publicado em dezembro de 2013;

Item nº 3 do Relatório do Comitê de Auditoria Ambiental sobre o Orçamento 2011 e tributos ambientais, da Câmara dos Comuns do Parlamento do Reino Unido.

Diretrizes sobre o monitoramento e controle de emissões de gases do efeito estufa a partir de operações de transportes e fretes, do Departamento de Assuntos do Ambiente, Alimentos e Agricultura do Governo do Reino Unido.

O relatório "Mudança Climática e Transporte" do Ministério da Moradia, Ordenamento Territorial e Meio Ambiente do Uruguai.

Plano de Adaptação Climática do Departamento de Transportes dos EUA.

Em síntese, o modal utilizado para o transporte de cargas repercute em custos econômicos, sociais e ambientais para toda a sociedade. Este assunto tem sido uma preocupação global e, por meio do presente Projeto de Lei, espera-se contribuir para que a influência do frete nas relações de consumo possa repercutir em ações cidadãs em busca de fretes economicamente mais baratos, socialmente justos e ecologicamente corretos.

O PAPEL DO CONSUMIDOR

O consumidor é um importante agente no debate sobre os custos do transporte, pois cada um pode observar os impactos produzidos nas mercadorias e questioná-los, a exemplo do fenômeno das manifestações de 2013, enfrentando, assim, a inércia governamental. Com efeito, é sensível o impacto econômico da logística desastrosa sobre o consumo individual, afetando o preço das mercadorias, que ficam mais caras em virtude dos custos acumulados dos fretes. Estes valores não são apresentados aos consumidores, muitas vezes induzidos a acreditar que sua mercadoria foi entregue sem custo de frete.

De fato, os consumidores são obrigados a arcar, silenciosamente e sem o devido conhecimento, com os altos preços dos fretes mal planejados embutidos nos preços das mercadorias. A falta de transparência neste aspecto é total, e ainda que se ateste o peso dos tributos no preço das mercadorias, é urgente chamar a atenção para o preço da falta de infraestrutura.

E, conforme narrado anteriormente, os impactos ambientais da falta de uma política de transportes repercutirão ao longo prazo, com consequências econômicas, sanitárias e ecológicas para as futuras gerações.

A TRANSPARÊNCIA E OS DIREITOS DO CONSUMIDOR

O Projeto de Lei apresentado tem por fundamento a tendência de ampliação da transparência nas operações de caráter público e privado, com vistas ao pleno exercício da cidadania, dos direitos fundamentais, da ordem econômica pautada pela livre e equilibrada concorrência e do respeito aos direitos do consumidor.

Esta tendência é demonstrada por iniciativas promovidas progressivamente desde a promulgação da Constituição da República de 1988, que hoje resultam na aprovação, vigência e plena eficácia do Código de Defesa do Consumidor, na Lei de Acesso à Informação e na Lei 12.741 de 8 de dezembro de 2012, entre inúmeros outros instrumentos normativos que ingressaram o ordenamento jurídico neste período. A lei acima mencionada, de nº 12.741/2012, inovou nas relações comerciais ao exigir a transparência quanto à composição dos custos das mercadorias e serviços, no que tange à incidência de tributos.

O presente projeto de lei de iniciativa popular, inspirado no mesmo método desta lei, e na busca permanente pela sustentabilidade e pelo adequado ordenamento e planejamento das infraestruturas de transporte da nação, propõe que seja demonstrada, com transparência, ao consumidor final a composição dos custos de transporte sobre os preços finais das mercadorias.

Como consequência, as medidas resultantes da aprovação desta lei permitirão aos cidadãos conhecerem a influência e os impactos das decisões estratégicas, de médio e longo prazo, pertinentes aos modais de transporte sobre a vida cotidiana.

São inúmeros os fatores que devem orientar as decisões estratégicas quanto às infraestruturas da nação. Em primeiro lugar, é imprescindível que exista vontade de adotar um projeto estratégico, integrado, de transportes. Entre os fatores positivos, ganhos de produtividade e eficiência, bem como a ampliação do acesso aos bens e serviços e a redução de custos aos consumidores.

MANIFESTO DA FERROFRENTE

Frente Nacional pela Volta das Ferrovias

I. 80% do transporte terrestre de cargas no Brasil se dá sobre pneus; apenas 20% sobre trilhos.
II. Comparado ao transporte rodoviário, o transporte ferroviário emite apenas 1/4 de gases de efeito estufa e custa apenas 1/6 do valor do frete.
III. Se, por hipótese, invertêssemos o modal rodoviário com o com o ferroviário, teríamos uma economia de 175 bilhões por ano, o que daria para construir 20 mil km de ferrovias a cada ano. Atualmente, temos menos de 28 mil km de ferrovias em operação.
IV. Tal inversão de quadro não deve ser feita por decreto, e sim como prioridade de Estado, com base em planejamento e ações contínuas.
V. A mudança de lógica modal tornará o Brasil mais apto à competição de mercado, o que, por sua vez, colaborará para o crescimento de nossa economia.
VI. Alguns produtos da cesta básica brasileira, como açúcar, arroz e feijão, tem o pesado preço final determinado pelo alto custo do frete rodoviário.
VII. Ao contrário do senso comum, não são as grandes empresas que pagam as maiores somas de impostos. A conta mais alta é paga pelo cidadão comum, principalmente aquele com menor renda.
VIII. Desde a metade do século 20, o Brasil prioriza investimentos de mobilidade urbana em rodovias, a favor de lobbies escusos e em detrimento da malha ferroviária e de outros modais de menor custo operacional.
IX. Pior: o cidadão, financiador involuntário, paga, em muitos casos, o preço máximo: a própria vida. São milhares as vítimas da poluição do trânsito, que gera diversas doenças respiratórias, e de acidentes cotidianos.

X. O trem polui quatro vezes menos e o frete ferroviário é seis vezes mais barato.

XI. Neste contexto, a Frente Suprapartidária Pela Volta das Ferrovias está sendo lançada na Baixada Santista, em Santos, sede do maior porto do país e também a região que sofre mais diretamente as consequências desse panorama. Contudo, os prejuízos se espalham por todo o país, razão pela qual a Frente está preparando um Projeto de Lei de origem popular para que o preço total dos fretes seja estampado nas Notas Fiscais de Venda, visando, assim, sensibilizar a opinião pública nacional a lutar pela transformação modal no país.

XII. *FERROFRENTE, 05 DE NOVEMBRO DE 2013.*

ESTATUTO DA FERROFRENTE

Frente Nacional pela Volta das Ferrovias

CAPÍTULO I

Da Denominação, Sede e Objeto Social

I. Art. 8° **A** FRENTE NACIONAL PELA VOLTA DAS FERROVIAS, **também denominada** FERROFRENTE,

II. constituída em 10 de janeiro de 2014, na forma de associação, de acordo com o art. 53 e seguintes do Código Civil Brasileiro, é organização não governamental, pessoa jurídica de direito privado, sem fins lucrativos, constituída por tempo indeterminado, sob os valores da democracia popular e da sustentabilidade.

III. **Art. 9°** A **FERROFRENTE** tem sede na Rua Dr. Cesar, 75, Intermediário, Bairro Santana, CEP 02013-000, São Paulo-SP, e foro nesta capital.

IV. **Art. 10°**A **FERROFRENTE** tem, como objeto social, as seguintes finalidades:

V. defesa da volta das ferrovias, da eficiência e sustentabilidade do modal ferroviário, de sua viabilidade econômica e social, e a pesquisa sobre tecnologias pertinentes ao modal ferroviário;

VI. defesa, preservação e conservação do meio ambiente e promoção do desenvolvimento sustentável;

VII. promoção do desenvolvimento urbano, desenvolvimento econômico e social e combate à pobreza;

VIII. estudos e pesquisas, desenvolvimento de tecnologias alternativas, produção e divulgação de informações e conhecimentos técnicos e científicos que digam respeito às atividades mencionadas neste artigo;

IX. promoção da formação cidadã e da divulgação e ensino de valores que digam respeito às atividades mencionadas neste artigo;

X. produção de vídeos educativos;
XI. promoção de debates pertinentes ao objeto da **FER-**
XII. ROFRENTE;
XIII. promoção do voluntariado dentro dos objetivos descritos neste artigo;
XIV. produção de material gráfico didático, cartazes, cartilhas e livros, de divulgação de valores que digam respeito às atividades mencionadas neste artigo;
XV. contratação pesquisas de opinião pública;
XVI. apresentação e coleta de assinaturas de projetos de lei de iniciativa popular;
XVII. concessão de selo de qualidade a instituições que demonstrarem adesão e práticas harmônicas com os objetivos deste artigo e o manifesto da **FERROFRENTE**; XIII. diplomação de cidadãos que demonstrarem adesão e
XVIII. práticas harmônicas com os objetivos deste artigo e o mani-
XIX. **festo da** FERROFRENTE;
XX. realização de pesquisas técnicas, estudos e levantamentos de dados a respeito de temas pertinentes ao objeto da
XXI. **FERROFRENTE**, mesmo que indiretamente;
XXII. apresentação de denúncias da ocorrência de práticas, governamentais ou não, contrárias à ética e ao interesse coletivo e/ou ambiental;
XXIII. defesa do Manifesto de Fundação da **FRENTE NACIONAL PELA VOLTA DAS FERROVIAS**.

Parágrafo único. A **FRENTE NACIONAL PELA VOLTA DAS FERROVIAS** não distribui entre os seus associados ou conselheiros, diretores, empregados ou doadores eventuais excedentes operacionais, brutos ou líquidos, dividendos, bonificações, participação ou parcelas do seu patrimônio, auferidos mediante o exercício de suas atividades, e os aplica integralmente na consecução do seu objetivo social. **Art. 11°** No desenvolvimento de suas atividades, a **FERROFRENTE** observará os princípios da legalidade, impessoalidade, moralidade, publicidade, economicidade e da eficiência e não fará qualquer discriminação de raça, cor, gênero ou religião.

A **FERROFRENTE** se dedica às suas atividades por meio da execução direta de projetos, programas ou planos de ações, por meio da doação de recursos físicos, humanos e financeiros, e por meio da prestação de serviços intermediários de apoio a outras organizações sem fins lucrativos e a órgãos do setor público que atuam em áreas afins.

A **FERROFRENTE** disciplinará seu funcionamento por meio de Ordens Normativas e Ordens Executivas, emitidas pelo Presidente.

CAPÍTULO II

Dos Associados

Art. 13° A **FERROFRENTE** é constituída por número ilimitado de associados.
¤ 1° O ingresso de associados será aprovado pelo Presidente e homologado na primeira assembleia realizada após o convite, sendo os nomes dos novos associados consignados em ata, exceto os associados fundadores, cujos nomes já constam do ato constitutivo da associação.
¤ 2° O vínculo de associado extinguese com o falecimento. São direitos dos associados quites com suas obrigações sociais, além daqueles previstos em lei:
I. Votar e ser votado para os cargos eletivos; II. Participar das Assembleias Gerais.
Parágrafo único. Somente os associados quites com as obrigações sociais podem exercer os direitos previstos neste Estatuto e na legislação competente.
Art. 15° Os associados devem cumprir as disposições estatutárias e regimentais.
¤1° O descumprimento das obrigações de associado, ou a atuação em sentido contrário aos objetivos estatutários, enseja a abertura de procedimento interno para a exclusão do associado, processado perante o Conselho Administrativo, no qual será assegurada a ampla defesa e o direito ao recurso à Assembleia Geral.

¤2° Qualquer associado poderá denunciar ao Presidente a ocorrência de fato que possa ensejar a abertura de procedimento de exclusão de outro associado, conforme o parágrafo anterior.
¤3° O Presidente examinará a denúncia para verificar a sua admissibilidade, que dependerá do atendimento dos requisitos mínimos para o seu processamento.
¤4° Os requisitos mínimos para o processamento de denúncia para fins de exclusão de associados serão regulamentados pelo Conselho Administrativo.
Art. 16° O Associado pode desligar-se voluntariamente da Associação por meio de comunicação dirigida ao Presidente. **Parágrafo único**: O desligamento voluntário será aceito pelo Presidente, salvo a existência de obrigações pendentes, as quais serão comunicadas ao associado demissionário até 30 (trinta) dias após o recebimento do pedido de desligamento, tornando-o sem efeito até a plena quitação das obrigações.
Art. 10° Os associados não respondem, nem mesmo subsidiariamente, pelos encargos da **FERROFRENTE**.
Art. 11° A Associação admitirá, a convite do Presidente, homologados pelo Conselho Administrativo, membros sem vínculo associativo, na qualidade de:
Conselheiros Honorários, e
Conselheiros Técnicos;
Líderes regionais, subdivididos em: a. Líderes Estaduais; e
b. Líderes Municipais.
¤1° Os Conselheiros Honorários, Conselheiros Técnicos e Líderes regionais são admitidos para apoiar o objeto social da **FERROFRENTE**.
¤2° Os Conselheiros Honorários, Conselheiros Técnicos e Líderes regionais não terão voto nas assembleias. ¤3° Os Conselheiros Técnicos formarão o Conselho Técnico da **FERROFRENTE**, que manterá reuniões periódicas, terá, entre seus membros, um Coordenador escolhido pelo Conselho Administrativo, e poderá emitir voto, por meio do Coordenador, em deliberações do Conselho Administrativo. ¤4° Independentemente do número de Conselheiros Técnicos, o Conselho Administrativo colherá apenas um voto do

representante do Conselho Técnico como um todo, sendo que este voto terá igual peso ao de um membro do Conselho Administrativo.

¤5° Os Conselheiros Honorários formarão o Conselho Honorário da **FERROFRENTE**, que manterá reuniões periódicas, terá, entre seus membros, um Coordenador escolhido pelo Conselho Administrativo, e poderá emitir voto, por meio do Coordenador, em deliberações do Conselho Administrativo.

¤6° Independente do número de Conselheiros Honorários, o Conselho Administrativo colherá apenas um voto do representante do Conselho Honorário como um todo, sendo que este voto terá igual peso ao de um membro do Conselho Administrativo.

CAPÍTULO III

Da Organização Administrativa

Art. 12° A **FERROFRENTE** terá os seguintes órgãos deliberativos, para sua administração superior:

Assembleia Geral;

Conselho Administrativo;

Conselho Fiscal;

Art. 13° A **FERROFRENTE** também será composta pelos seguintes órgãos, para consultas especiais:

I. Colegiado Pleno; II. Conselho Honorário; e III. Conselho Técnico.

¤1° O Conselho Honorário e o Conselho Técnico integram a **FERROFRENTE** na qualidade de órgãos consultivos, sendo-lhes admitidos a manifestação e o voto – este limitado a um voto para cada Coordenador dos respectivos Conselhos – nas reuniões do Conselho Administrativo em que for solicitada a opinião dos respectivos Conselhos, nos termos deste Estatuto.

¤2° O Colegiado Pleno reunirá os Líderes Regionais, os membros efetivos do Conselho Administrativo, os membros do Conselho Fiscal, os Conselheiros Honorários e os Conselheiros Técnicos, e será convocado por deliberação do Presidente, que indicará, no ato convocatório, quais categorias serão consultadas e terão voto na reunião do Colegiado Pleno, sempre assegurado o voto dos membros efetivos do Conselho Administrativo e dos membros do Conselho Fiscal.

¤3° Os Líderes Regionais, subdivididos em líderes municipais e líderes estaduais, sempre que consultados para manifestação e voto no Colegiado Pleno, terão, cada um, o direito a um voto, com igual peso ao de cada um dos demais líderes regionais e demais membros do Colegiado Pleno que tenham sido designados a votar, independente da abrangência da liderança.

Art. 14° A Assembleia Geral, órgão deliberativo soberano da **FERROFRENTE**, se constituirá dos associados em pleno gozo de seus direitos estatutários.

Art. 15° Compete à Assembleia Geral:

eleger o Conselho Fiscal, os membros efetivos do Conselho Administrativo e o Presidente;

decidir sobre reformas do Estatuto;

decidir sobre a extinção da **FERROFRENTE**;

decidir sobre a conveniência de alienar, transigir, hipotecar ou permutar bens patrimoniais;

destituir os membros efetivos do Conselho Administrativo e/ou do Conselho Fiscal;

homologar os novos associados.

Parágrafo único. As deliberações de que tratam os incisos II, III e V deverão ser tomadas por maioria de 2/3 dos presentes, assegurado o quórum mínimo de mais da metade dos associados.

Art. 16° A Assembleia Geral se realizará, ordinariamente, uma vez a cada quatro anos, para apreciar os relatórios da Presidência e renovar os membros do Conselho Administrativo e do Conselho Fiscal;

Art. 17° A Assembleia Geral se realizará, extraordinariamente, quando convocada:

pelo Presidente;

por requerimento de 1/5 (um quinto) de associados quites com as obrigações sociais.

Art. 18° A convocação da Assembleia Geral será feita por meio de edital dirigido aos associados via e-mail, salvo outro formato que seja expressamente solicitado pelo associado. **Parágrafo único**. O edital de convocação da Assembleia Geral deverá ser disponibilizado aos associados com 10 (dez) dias de antecedência.

Art. 19° A Assembleia Geral, ordinária ou extraordinária, será instalada, em primeira convocação, com a presença de mais da metade dos associados e, em segunda convocação, quinze minutos após, com pelo menos 1/3 dos associados, ressalvado quórum qualificado previsto neste estatuto. **Art. 20°** A Assembleia Geral poderá deliberar pela criação do título de Presidente Honorário, aprovando na mesma oportunidade a designação do associado que receberá a honraria.

Art. 21° O Conselho Administrativo será composto por 7 (sete) integrantes, com mandato de 4 (quatro) anos, sendo permitida a reeleição, e terá a seguinte composição:

5 (cinco) membros efetivos, eleitos em Assembleia Geral;

1 (um) Coordenador do Conselho Honorário, escolhido dentre os Conselheiros Honorários por decisão dos membros efetivos do Conselho Administrativo; III. 1 (um) Coordenador do Conselho Técnico, escolhido dentre os Conselheiros Técnicos por decisão dos membros efetivos do Conselho Administrativo.

¤1° Na oportunidade da eleição, pela Assembleia Geral, dos membros efetivos do Conselho Administrativo, a Assembleia escolherá entre os 5 (cinco) integrantes aquele que exercerá a função de Presidente.

¤2° As decisões do Conselho Administrativo são tomadas por maioria simples, presente o quórum mínimo de mais da metade dos membros efetivos.

¤3° Os Coordenadores do Conselho Honorário e do Conselho Técnico compõem o Conselho Administrativo na qualidade de membros consultivos, cada um com direito a um voto, com igual peso ao de qualquer membro efetivo, desde que seja solicitada, pelo Conselho Administrativo, a opinião dos respectivos Conselhos.

¤4° Compete ao Conselho Administrativo deliberar sobre todos os assuntos pertinentes à administração da **FERROFRENTE**, facultada a consulta ao Conselho Honorário, ao Conselho Técnico e ao Colegiado Pleno.

Art. 22° Compete ao Presidente:

representar a **FERROFRENTE** ativa e passivamente, judicial e extrajudicialmente;
cumprir e fazer cumprir o Estatuto;
presidir a Assembleia Geral;
convocar e presidir as reuniões da Diretoria, do Conselho Administrativo e do Colegiado Pleno;
deliberar sobre as categorias que serão consultadas e terão poder de voto na reunião do Colegiado Pleno; VI. abrir e movimentar conta bancária em nome da **FERROFRENTE**, bem como realizar sua administração financeira;
VII. emitir pagamentos, realizar as despesas, assinar cheques **da** FERROFRENTE**;**
VIII. elaborar balancetes a serem apreciados pelo Conselho Fiscal.
Parágrafo único. Competem aos demais membros do Conselho Administrativo auxiliar o Presidente no exercício de suas atribuições.
Art. 23° O Conselho Fiscal, eleito em Assembleia Geral, será composto por 4 (quatro) integrantes, e terá mandato de 4 (quatro) anos, sendo permitida a reeleição.
Parágrafo único. Compete ao Conselho Fiscal apreciar as contas anuais, preparadas pelo Conselho Administrativo, deliberando por sua aprovação, pelo requerimento de diligências e recomendações ao Conselho Administrativo ou a rejeição das contas.
Art. 24° Compete ao Conselho Honorário e ao Conselho Técnico manifestarem-se sobre consultas que lhes sejam dirigidas pelo Conselho Administrativo.
Art. 25° Compete ao Colegiado Pleno apreciar e manifestar-se sobre a ordem do dia estabelecida pelo Presidente no ato convocatório da respectiva reunião.
Art. 26° O falecimento ou a renúncia de qualquer membro efetivo do Conselho Administrativo ou de qualquer membro do Conselho Fiscal dá origem à vacância da respectiva função, que deverá ser suprida na primeira Assembleia Geral, ordinária ou extraordinária, que se realizar após o falecimento ou a renúncia.
Parágrafo único. Caso ocorra o falecimento ou renúncia do Presidente, os membros efetivos do Conselho Administrativo

escolherão entre si aquele que exercerá a função de Presidente até o final do mandato.

Art. 27° O falecimento ou a renúncia de quaisquer outros associados que exerçam funções diretivas, consultivas, deliberativas ou executivas, exceto as funções de membros efetivos do Conselho Administrativo e membros do Conselho Fiscal, dará origem à vacância da respectiva função, que será suprida por deliberação do Conselho Administrativo.

Parágrafo único. O Conselho Administrativo poderá deliberar pela extinção da função cujo titular tenha falecido ou renunciado, pela manutenção da vacância por tempo indeterminado, ou pela nomeação de novo membro.

CAPÍTULO IV

Do Patrimônio e Fonte de Recursos

Art. 28. O patrimônio da **FERROFRENTE** será constituído de bens móveis, imóveis, veículos, semoventes, ações e títulos da dívida pública, adquiridos ou recebidos em doação por ato do Presidente.

Art. 29 No caso de dissolução da **FERROFRENTE,** o respectivo patrimônio líquido será transferido a outra pessoa jurídica que tenha o mesmo objetivo social.

Art. 30 A **FERROFRENTE** terá, como fonte de recursos, a contribuição de seus associados, em periodicidade e forma definidas pelo Conselho Administrativo, e também:

Receitas de eventos;

Receitas provenientes de contratos e convênios;

Subvenções, doações e legados;

Relatórios de estudos e pesquisas, livros e outras publicações produzidas;

Capacitações e consultorias;

CAPÍTULO V

Das Disposições Finais

Art. 31. A **FERROFRENTE** será dissolvida por decisão da Assembleia Geral Extraordinária, especialmente convocada para esse fim, quando se tornar impossível a continuação de suas atividades.
Art. 32 O presente Estatuto poderá ser reformado, a qualquer tempo, por decisão da maioria absoluta dos associados, em Assembleia Geral especialmente convocada para esse fim, e entrará em vigor na data de seu registro em Cartório. **Art. 33** Os casos omissos serão resolvidos pelo Presidente.
São Paulo, 10 de janeiro de 2014
ATA DA PRIMEIRA ASSEMBLEIA DA FERROFRENTE
Assembleia Geral de Fundação da Associação Frente Nacional pela Volta das Ferrovias
Ata de assembleia geral. Aos 10 dias do mês de janeiro de 2014, às 18h00min, reuniram-se, na Rua Dr. Cesar, 75, Intermediário, Bairro Santana, CEP 02013-000 – São Paulo – SP, os interessados em constituir a FRENTE NACIONAL PELA VOLTA DAS FERROVIAS.
Consignando seus nomes conforme lista de presença anexa, todos maiores e capazes, instalaram a presente Assembleia Geral de Fundação, que teve a seguinte ordem do dia: a) fundação da associação denominada FRENTE NACIONAL PELA VOLTA DAS FERROVIAS - FERROFRENTE; b)
eleição e posse dos membros efetivos do Conselho Administrativo e membros do Conselho Fiscal para o quadriênio 2013-2017; c) Nomeação de Conselheiros Honorários e Conselheiros Técnicos. Dando início aos trabalhos, os presentes aclamaram para exercer a coordenação e presidência desta assembleia ao Sr. JOSÉ MANOEL FERREIRA GONÇALVES, e deliberaram por nomear a mim, SÁLVIO LUIZ NIENKÖTTER, como secretário dos trabalhos. Cientes da ordem do dia e não havendo qualquer oposição, passamos às deliberações. Em cumprimento do item

"a" da pauta, os presentes decidiram, de forma unânime, pela fundação da FRENTE NACIONAL PELA VOLTA DAS FERROVIAS – FERROFRENTE e a aprovação do competente ESTATUTO SOCIAL. Antes da leitura do ESTATUTO SOCIAL, o Sr. JOSÉ MANOEL FERREIRA GONÇALVES pediu a palavra para proceder à leitura do MANIFESTO DA FERROFRENTE, com o seguinte teor:

I – Em números redondos, 80% do transporte terrestre de cargas no Brasil se dá sobre pneus, apenas 20% sobre trilhos. II - Nos países industrializados e demais países em desenvolvimento é o contrário que se observa e não é por acaso. Comparado ao transporte rodoviário, o transporte ferroviário emite apenas 1/4 de gases de efeito estufa e custa apenas 1/6 do valor do frete. III - Se, por hipótese, invertêssemos o rodoviário com o com o ferroviário, teríamos uma economia de 175 bilhões por ano, o que daria para construir 20.000 km de ferrovias a cada novo ano. E veja-se que hoje temos menos de 28.000 km em operação. IV - Não queremos desconfiar da inteligência de nossos governantes, mas realmente parece que eles estão duvidando da nossa. V - Claro está que uma tal inversão não pode ser feita por decreto, nem de uma hora pra outra, mas pode sim ser priorizada, pode ser colocada como uma questão de Estado, e não dos sucessivos governos. VI - Seria uma mudança com o condão de mudar positivamente a situação do Brasil no quesito competição de mercado, o que, por sua vez, faria crescer nossa economia e a riqueza de cada um de nós brasileiros. VII - Há produto (inclusive da cesta básica) no Brasil cujo preço tem mais frete que qualquer outra coisa. É o caso do açúcar, do arroz, do feijão, que, ao menos na maior parte do ano, poderiam custar menos que a metade se houvesse ferrovia para transportá-los. VIII – Atualmente, os investimentos previstos para os ferrovias são via PPPs, quer dizer, envolvem dinheiro privado, mas a contribuição pública destes investimentos no transporte ferroviário é feita com o dinheiro do trabalhador, que é quem realmente paga imposto no Brasil. IX - Aliás, o trabalhador paga o imposto antes de receber a renda, pois já vem descontado na folha de pagamento, o que faz parecer que o governo não confia nele, justo no pobre, no trabalhador, que como sabemos são as pessoas mais honestas do país: as falcatruas se dão no alto escalão. X – Ao contrário do que em geral se pensa, não são as grandes empresas que pagam grandes quantias de impostos, como às vezes alardeiam. Na verdade, em geral, elas repassam o imposto para o preço dos produtos e serviços: quem paga é o cidadão de menores recursos. XI - O Brasil, desde antes dos meados do século passado, só tem investido em rodovias. E esse investimento, feito com o dinheiro do imposto do trabalhador, só serve para prejudicar o trabalhador. XII - É kafkiana a situação! É inadmissível um Estado assim, que usa o dinheiro do mais desvalido contra ele mesmo e em favor dos mais abastados, dos grandes lobbies. XIII - O pior. São exatamente os financiadores involuntários desse estado de coisas, desse investimento torto, que acabam pagando o preço máximo por isso: a própria vida. São milhares de mortes causadas diretamente pela poluição do trânsito. A própria ONU acabou de reconhecer isso de forma oficial. XIV - O rico anda de carrão, com ar filtrado e refrigerado, no bem bom. Mas o trabalhador anda pendurado nos ônibus que conhecemos, aspirando dióxido e monóxido de carbono, num trânsito caotizado pelo mesmo motivo: excesso de veículos. XV - A imobilidade urbana chega a uma situação inadmissível, enervante e predadora. Sendo que a solução está ao nosso alcance. XVI - O trem polui quatro vezes menos, e o frete ferroviário é seis vezes mais barato. XVII - A poluição traz vários tipos de doenças respiratórias, inclusive o câncer. XVIII - A poluição gera aquecimento global, o que enfraquece nossa posição mundial. XIX – A poluição é um crime contra as gerações futuras. XX - O alto custo do frete aumenta o custo de todas as mercadorias, especialmente as mais básicas, mais necessárias, que chegam a andar mais de três mil quilômetros em caminhões. XXI - A concentração nos caminhões congestiona as estradas, trazendo acidentes, favorecendo os arrastões, vilipendiando o motorista do automóvel e o profissional da estrada, uma das maiores vítimas do processo. O Manifesto foi aclamado pelos presentes. Dando continuidade à reunião, o Presidente da assembleia solicitou a secretário que apresentasse o ESTATUTO SOCIAL que foi lido, apreciado e aprovado integralmente por aqueles que assumem, desde logo, a condição de **ASSOCIADOS FUNDADORES**, a seguir designados: **José Alberto Moraes Alves Blandy**, brasileiro, divorciado, advogado; **Sálvio Luiz Nienkötter**, brasileiro, divorciado, editor; **José Manoel Ferreira Gonçalves**, brasileiro, casado, engenheiro; **Élio Lopes dos Santos**, brasileiro, engenheiro; **João Alves Tiradentes**, brasileiro, jornalista; **Marcus Neves Fernandes,** brasileiro, casado, jornalista; **Márcio Altair Boaro**, brasileiro, casado, roteirista; **Moacir Bueno Arruda**, brasileiro, divorciado, professor; e **Bruno César Deschamps Meirinho**, solteiro, advogado. Concluído o **Márcio Altair Boaro**, brasileiro, escritor.

Moacir Bueno Arruda, brasileiro, engenheiro.

Bruno César Deschamps Meirinho, solteiro, advogado. Eleitos e qualificados, foram empossados de imediato, passando, a partir desta data, a exercer os poderes e responsabilidades nos termos do Estatuto Social, para o mandato de quatro anos, o qual se encerrará no dia 10 de janeiro de 2018. Na sequência, passou-se ao item "c" da pauta, pertinente à nomeação dos Conselheiros Honorários e Conselheiros Técnicos, membros sem vínculo associativo, para o fiel cumprimento das funções estatutárias, designados a seguir:

Conselheiros Honorários

Roseane Maria Nienkötter; Luciano Juliano Blandy; Deborah do Amaral Gurgel Xavier; Cristiane Luísa Pereira Nienkötter; Mariana de Oliveira Ferreira Gonçalves; Ana Cláudia de Oliveira; Luís Carlos Nienkötter; Vinicius Ribas Gomez Pereira; Valdir Nahora da Silva; Pedro Ivanow; Paulo Nelson Macuco Araújo; Hélvio **Moril de Jesus; Marco Aurélio Avesani Júnior; Kayo Felype Nachtajler Amado; Volmer Silva do Rego; Alexandre Angel Carasso**.

Conselheiros Técnicos

José Moreira e Silva; Marcelo de Oliveira Ferreira Gonçalves; Patricia Castilho Crispim; Leôncio Lima; Glauco Ramos Braga; Tatiana Ferreira Lopes; Jimy Mauricio Piha; Fernanda Sophia da Silva; Manuel Leal Boucinhas; Eduardo Armênio Kissajikian; Rogerio Spiess Fernandes Cortez; Antonio Carlos; João Paulo Cortez.

Nada mais a tratar, foi encerrada a Assembleia Geral, sendo por mim, SÁLVIO LUIZ NIENKÖTTER, secretário na presente Assembleia, lavrada a presente ata que, lida e aprovada, segue assinada por mim e pelo Sr. José Manoel Ferreira Gonçalves, Presidente da Assembleia.

São Paulo, 10 de janeiro de 2014

JOSÉ MANOEL FERREIRA GONÇALVES PRESIDENTE
SÁLVIO LUIZ NIENKÖTTER SECRETÁRIO

ENTREVISTA

Em abril de 2016, José Manoel concedeu entrevista a Guilherme Rodrigues de Abreu, estudante de Engenharia de Produção do Centro Universitário de Barra Manda. Abreu realiza pesquisa de iniciação científica sobre os principais aspectos que prejudicam o desenvolvimento do modal ferroviário no território nacional.

O que é a Ferro Frente? Quais são os seus objetos?

A FerroFrente é uma entidade autônoma, sem fins lucrativos, que congrega especialistas, engenheiros, advogados, jornalistas, ferroviários e simpatizantes na luta pela volta da ferrovia.

Atualmente, como está este movimento? Quais são as atuações?

Temos atuado em várias frentes, dede audiências públicas em Câmaras Municipais e até no Senado Federal, apresentação de projetos aos governos constituídos, publicações na imprensa, edição de livros sobre o tema, pesquisas, projetos
e... Ações na justiça. A FerroFrente teve acatada pela Justiça Federal de Brasília uma ação de mais de duzentos bilhões de reais em favor das ferrovias. Vamos agora discutir o mérito. Menos avançada, contudo, está outra ação que discute o trensalão de São Paulo, mas estamos voltando carga ao processo. As atuações são mesmo diversas, mas sempre convergentes.

Por ser uma frente suprapartidária, há resistências? Quais?

Sem dúvida. Por ser o ferroviarismo um assunto eminentemente de Estado, passa necessariamente pela política e pelos governos. Assim, à medida que temos de necessariamente tratar do assunto com políticos, não raro de pronto surge a questão de filiação e apoios. Contudo, isso não tem se mostrado impedimento, até porque os agentes simpáticos à causa ferroviária não pertencem ao estamento de políticos patrimonialistas, ao contrário, são as forças mais progressistas que sustêm a causa e mais nos apoiam.

O Brasil enfrenta gargalos no transporte sobre trilhos, seja por passar por grandes centros urbanos (como SP) ou por diferenças nas bitolas dos trilhos. Como superar todos esses entraves?

Primeiramente por meio de projetos melhores, mais factíveis e que entendam a necessidade e conveniência da intermodalidade e, por assim dizer, intermodalidade-ferroviária, por meio de padronização das bitolas. Em São Paulo, temos de implantar o Ferroanel que, apesar dos entraves, será de valia inestimável. As diferentes bitolas é um contencioso do setor, que se estabeleceu por vários motivos, inclusive de reserva de mercado, políticos comprometidos com fornecedores por descaminhos e mal havidos, mas também pela simples falta de planejamento. Antes que tudo o alto número de bitolas que ostentamos é um troféu à incompetência histórica nossa, e é isso que precisamos superar.

Na sua opinião, os movimentos partidários que lutam a favor dos trilhos vão conseguir chegar aos seus objetivos? O que falta para o Brasil voltar aos trilhos?

Poderia dizer que falta muita coisa e não estaria faltando com a verdade, contudo, ainda mais verdadeiro, paradoxalmente é que falta uma coisa só, uma determinada coisa que se chama conscientização. Entendo que se o povo souber de verdade o que perde com o rodoviarismo em saúde, carestia, desemprego, insegurança nas estradas, doenças respiratórias, por exemplo, a sociedade vai se mobilizar e aí sim as coisas vão acontecer.

Atualmente se discute a implantação de uma ferrovia ligando o Brasil ao Oceano Pacífico. Qual é a sua avaliação deste projeto?

Trata-se de um projeto que já não faz sentido, devido a baixa das commodities e a crise geral dos Brics, especialmente com o declínio do crescimento econômico e aparente saturação do modelo econômico chinês, calcado na semiescravidão dos seus cidadãos trabalhadores. Mesmo a política comunista e autoritária com economia de mercado também tem seus limites. Claro está que se tratam de questões sazonais, porque tanto a política quanto o preço das commodities oscilam bastante e, às vezes, muito rapidamente. Mas o que mais importa é entender que projetos como esse ou como o trem-bala Campinas-Rio só serão bem-vindos depois de vermos feita a lição de casa. Nossos trens andam a velocidades vexatórias, sobre trilhos rotos. As ferrovias que construímos estão paradas, como grande parte da Norte-Sul, essa mania megalomaníaca só nos enreda o desenvolvimento, ainda que pareça justamente o contrário. E quem paga essa conta é o cidadão, precisamos falar mais sério, discutir o que precisa ser resolvido. Pirotecnia obsta a solução dos nossos problemas e empece o olhar mais acurado, tão necessário.

A INFRAESTRUTURA LOGÍSTICA E A INFRAESTRUTURA DO GOVERNO

Muitos e notórios são os problemas de logística enfrentados pelo Brasil, dentre eles, a má logística ferroviária é a que mais empecilha o transporte de cargas e pessoas e a própria nação. São históricas as razões, mas já há décadas que um fator prepondera para a inércia e desperdício na área ferroviária brasileira, a saber, o conflito de alçadas e responsabilidades entre os próprios órgãos governamentais. Basta dizer que, a um tempo, a ferrovia depende e está atrelada ao Ministério dos Transportes, Ministério das Cidades, Ministério da Fazenda e órgãos como a ANTT, a Valec, OFIs etc.

Neste contexto, em setembro de 2014, a FerroFrente: Frente Nacional pela volta das ferrovias, em carta à Secretaria Geral da Presidência da República, requereu audiência com a mandatária máxima da nação (documento em anexo) para apresentar a solicitação e sugestão da criação de uma Secretaria de Assuntos Ferroviários. Para melhor encaminhamento da pretendida reunião, encaminhou (documentos em anexo) uma proposta de alçada, atividades e responsabilidades da referida Secretaria.

No dia 23 de abril de 2015, o governo encaminhou resposta à FerroFrente, com a documentação do longo périplo do requerimento pelos órgãos governamentais. Como demonstra a documentação em anexo, no dia 10 de fevereiro, a Casa Civil encaminhou ao Ministério dos Transportes (um natural desinteressado no pleito) a documentação pedindo exame, propostas e resposta. No dia 20 de fevereiro, o Coordenador de Planejamento do Ministério dos Transportes é instado pelo Diretor de Planejamento do mesmo Ministério a "elaborar minuta de resposta a ser encaminhada diretamente ao interessado". No dia 26 de fevereiro, o instado Coordenador insta a um provável subalterno que execute a tarefa. No dia 10 de março, o Coordenador encaminha ao Diretor; no dia 22 de abril, o Diretor autoriza o envio da minuta com a qual "está de acordo". No dia 23 de abril, o Secretário de Política Nacional de Transportes assina a resposta à FerroFrente. Esta "resposta", depois das afabilidades que demandam a ocasião, litou-se a referir o PIL, PNLT, Norte-Sul etc. Ou seja, não agendaram reunião com a Presidenta e ou não se dignaram a ler a proposta (improvável, dadas as notas laterais que foram registradas), ou simplesmente não tiveram o que responder, vez que o Ministério dos Transportes não teria instância para tal.

E todo esse imbróglio somente faz reafirmar nossa premissa, a de que a locomotiva ferroviária brasileira não anda por muitos motivos, mas o primeiro e com maior poder de "camisa-de-força" é o organograma governamental. Sem capitão, o navio não sabe para que porto rumar e, portanto, fica parado. Sem piloto, o avião não decola. Sem um mero organograma, como poderá partir o trem da logística?

Maio de 2015

FERROFRENTE
FRENTE NACIONAL PELA VOLTA DAS FERROVIAS

00001.003974/2014-49

Ao

Excelentíssimo Ministro Gilberto Carvalho
Ministro-chefe da Secretaria Geral da Presidência da República, Gilberto Carvalho

Caro Ministro, primeiramente reiteramos a Vossa Excelência nossos votos de continuidade de seu pleno êxito nessa nobre e desafiadora missão de chefiar um Ministério de tal relevância como a da casa Civil.

Além de cumprimentá-lo, calcados no exposto em documento anexo, vimos pelo presente solicitar a Vossa Excelência uma primeira e breve audiência entre a Mandatária máxima da Nação, Presidenta Dilma Rousseff, e o presidente e principais diretores da FerroFrente.

Como pauta inicial, a ser referendada ou retificada pelos senhores, propomos:

- Saber do governo o que a FerroFrente, como liderança entre as principais forças organizadas e voluntárias que apoiam o trem e a volta das ferrovias, poderia fazer para ajudar o governo a concretizar suas ações com o apoio da classe?
- Apresentação sumária da proposta da classe para o governo maximizar os resultados dos esforços que vem fazendo em prol da ferrovia, seja no transporte de cargas, seja no transporte de pessoas intra e intercidades.

Muito obrigado,

José Manoel Ferreira Gonçalves
Presidente da FerroFrente

ferrofrente.com.br

LUTA PELA MELHORIA DO TRANSPORTE sobre trilhos

FERROFRENTE
FRENTE NACIONAL PELA VOLTA DAS FERROVIAS

À Vossa Excelência,
Ministro-chefe da Secretaria-Geral da Presidência da República, Gilberto Carvalho

Por uma Secretaria de Assuntos Ferroviários

1. Um Novo Brasil

Desde a volta à democracia, caro Ministro, o Brasil tem melhorado a olhos vistos. Desde aquela época, grosso modo, o que se viu foi o aperfeiçoamento econômico, a modernização do mercado, o reencontro com as grandes e necessárias obras, é dizer, o reencontro com o desenvolvimento. Hoje, seja por razões políticas, seja pela capacidade financeira adquirida por meio da excelência na gestão pública, comemoramos a saída da miséria e da fome de mais de quinze milhões, das dezessete milhões de pessoas que se encontravam nessa situação de opróbrio e ignomínia.

Mesmo com a inequívoca centralidade de importância do Presidente Luís Inácio Lula da Silva e da atual presidente Dilma Rousseff essa melhora é resultado de equipes trabalhando em planos econômicos, planos de desenvolvimento, planos sociais etc. O Congresso Nacional, por sua vez, apesar de alguma imobilidade inerente ao colegiado, também trabalhou bastante desde a promulgação da nova Constituição da República. Aprovou uma nova LDB, instituiu e destituiu imposto sobre transações financeiras etc., mas o marco desse período, sem dúvida, foram as conquistas sociais que, por meio de

ferrofrente.com.br

LUTA PELA MELHORIA DO TRANSPORTE sobre trilhos

FERROFRENTE
FRENTE NACIONAL PELA VOLTA DAS FERROVIAS

2. SÓ FALTAM OS TRILHOS

Melhoramos em tudo, Ministro, em quase tudo, quem há de contradizer-nos? Melhoramos muito, evoé! Na verdade melhoramos em tudo com uma única exceção: nas ferrovias. De fato, justo onde todos os países mais têm evoluído, nós involuímos firmemente, apesar dos fortes investimentos feitos desde 2002, contudo, os resultados efetivos, há que se confessar, são insatisfatórios e, principalmente, extremamente incompatíveis com o investimento. Como o trem polui quatro vezes menos, tem um custo de frete de apenas um sexto, quando comparado ao caminhão, e é praticamente 100% mais seguro quanto a acidentes, esse quadro representa verdadeiro flagelo de toda a nossa nação.

Uma das razões para que tanto investimento ainda não tenha retornado em tantos comboios quantos era de se esperar, como o senhor sabe, Ministro, advém do fato de as ferrovias estarem necessariamente atreladas a vários Ministérios, como o Ministério de transportes, o Ministérios das Cidades, a própria Casa Civil, sem contar os outros órgãos governamentais e não governamentais como a ANTT e a Valec, responsável pela construção e exploração de infraestrutura ferroviária, por sua vez vinculada ao Ministério dos Transportes. Na área não governamental, além das concessionárias Há ainda uma nova figura, os Operadores Ferroviários Independentes (OFIs). Isso no bojo do novo e benfazejo Comunicado de Oferta Pública 02/2014, que reforça a oferta ao mercado 855 quilômetros da Ferrovia Norte-Sul no novo modelo aberto – o open access –, que por certo estimulará a concorrência no setor contribuindo assim para a oferta de serviços de melhor qualidade, sem monopólio e custos competitivos.

LUTA
PELA MELHORIA DO
TRANSPORTE
sobre trilhos

ferrofrente.com.br

FERROFRENTE
FRENTE NACIONAL PELA VOLTA DAS FERROVIAS

3. Uma Secretaria de Assuntos Ferroviários

É por estas razões que a FerroFrente vem respeitosamente requerer a criação de uma **Secretaria** ligada diretamente à presidência dedicada exclusivamente à causa ferroviária.

Nossa experiência nos contatos com os diversos órgãos públicos tem mostrado que cada um desses órgãos acaba tendo uma visão própria e isso antagoniza esforços e com isso esmaece o retorno dos investimentos públicos. Os custos relativos à criação de uma tal secretaria são ínfimos, se comparados aos ganhos de uma coordenação mais centralizada e organizada.

Uma tal Secretaria poderia:

- Coordenar a recuperação das malhas ferroviárias existentes, mas sucateadas por várias décadas de abandono.
- Potencializar o retorno dos investimentos públicos na área que, como tivemos oportunidade de demonstrar em livro de nossa autoria, devido ao retorno econômico, têm custo zero a médio e longo prazo.
- Trabalhar pela mudança do modal de transportes brasileiros em favor daquele que é mais barato, mais ecológico e mais seguro: o ferroviário.

LUTA PELA MELHORIA DO TRANSPORTE sobre trilhos

ferrofrente.com.br

FERROFRENTE
FRENTE NACIONAL PELA VOLTA DAS FERROVIAS

- Fortalecer as Agências Reguladoras do setor, criando uma Agência exclusiva para o trem, para que o interesse público nunca seja vilipendiado.

- Aumentar a transparência em geral e em específico com os contratos de PPP, para que a discussão democrática possa sempre se impor aos interesses particulares.

- Criar um Plano Nacional de Desenvolvimento Ferroviário, para que se possa fazer crescer ordenadamente o setor.

- Congregar os Ministérios afins, para que, sob a sua égide presidencial, por meio da Casa Civil, possam trabalhar e investir em consonância, potencializando os investimentos já realizados e a realizar.

- Incentivar a indústria ferroviária nacional, induzindo o barateamento de trilhos e locomotivas, por sua vez, fator de multiplicação das linhas e composições ferroviárias, aumentando as divisas nacionais por meio de maior participação no mercado globalizado.

- Propor parcerias com o investimento privado nacional e internacional - interessados não tem faltado, inclusive a própria Rússia, que é modelo em ferrovias para o mundo tem demonstrado interesse - com a necessária segurança jurídica ao investidor, mas com a contrapartida de investimentos adequados e em prazos compatíveis com a pressa que exige nossa carência e nosso atraso no setor.

LUTA PELA MELHORIA DO TRANSPORTE *sobre trilhos*

ferrofrente.com.br

FERROFRENTE
FRENTE NACIONAL PELA VOLTA DAS FERROVIAS

- Incentivar o transporte público sobre trilhos, intra e intercidades, vez que é mais barato, muito mais seguro e mais saudável.

Certos de poder contar com o apoio de Vossa Excelência, firmamos a presente,

FerroFrente: Frente Nacional Pela Volta das Ferrovias
José Manoel Ferreira Gonçalves – Presidente
(11) 9-6371 2077

José Manoel Ferreira Gonçalves é Mestre e Doutor em engenharia, cientista político, jornalista e advogado. É autor, entre outros, dos livros Despoluindo Sobre Trilhos, Um Brasil Sobre Trilhos e Depolutting on the Tracks of Brazil.

ferrofrente.com.br

LUTA PELA MELHORIA DO TRANSPORTE sobre trilhos

MINISTÉRIO DOS TRANSPORTES
GABINETE DO MINISTRO
ASSESSORIA ADMINISTRATIVA

Esplanada dos Ministérios Bloco "R" - 6º andar - CEP: 70044-900 - Brasília – DF
Fone (61) 2029-7051 - 2029-7056 - Fax: 2029-7893
gabinete@transportes.gov.br

Memorando nº 130 /2015/ASSAD/GM

Em 10 de fevereiro de 2015.

Ao Sr. Secretário-Executivo – SE/MT

Assunto: **Frente Nacional pela volta das Ferrovias - FerroFrente.**

Encaminho a Vossa Senhoria, para conhecimento e propor o que convier, o Ofício nº 351/2014-GAB/SG/PR, de 17 de dezembro de 2014, da Secretaria-Geral da Presidência da República, que trata do assunto em epígrafe.

Na oportunidade, solicito a gentileza de responder diretamente ao interessado o que se oferecer sobre o expediente em questão.

Atenciosamente,

LEONARDO CARREIRO ALBUQUERQUE
Chefe de Gabinete do Ministro – Substituto

Memo Resona04 SE.docx

MINISTÉRIO DOS TRANSPORTES
SECRETARIA EXECUTIVA

PAPELETA DE PROVIDÊNCIAS
Nº 091/2015/SE/MT

PARA: SPNT/MT 2014.0007.1602

MINISTÉRIO DOS TRANSPORTES
SECRETARIA DE POLÍTICA NACIONAL DE TRANSPORTES
Recebido no Apoio Administrativo/SPNT
Em: 19/02/15 às 15:52 Horas
Pedro Oliveira
Assinatura e Carimbo

○	ACOMPANHAR	○	INFORMAR
○	AGUARDAR	○	INSTRUIR
○	ARQUIVAR NESTA SPO	○	MANIFESTAR
○	ATENDER	○	PREPARAR MINUTA DE RESPOSTA
○	CRITICAR E REVER	○	PUBLICAÇÃO EM BOLETIM ESPECIAL
○	ELABORAR PORTARIA	●	PROPOR O QUE CONVIER
○	EM DEVOLUÇÃO	○	PROVIDÊNCIAS CABÍVEIS
●	EXAMINAR	●	RESPONDER DIRETAMENTE AO INTERESSADO
○	EXPEDIR	○	SUGERIR
○	FALAR COM O	○	TOMAR CIÊNCIA
○	FALAR COM O SE/MT	○	VERIFICAR POSSIBILIDADE DE ATENDIMENTO

Observações:
1. De ordem do SE/MT
2. Memorando º 130/2015/ASSAD/GM, de 10.02.2015

SICAP nº 2014/00071602

Brasília, 19 de fevereiro de 2015

César Keiko Ochiai — Coordenador - SEMT

DIGITALIZADO - SE/MT
19/02/2015 Visto:

DIGITALIZADO
COVAL/SPNT/MT

MINISTÉRIO DOS TRANSPORTES
Secretaria de Política Nacional de Transportes

Referência: **SICAP nº 2014.0007.1602**

Interessado: **Frente Nacional pela volta das Ferrovias–FerroFrente**

Assunto: **Proposta para o Governo maximizar os resultados dos esforços em prol do transporte ferroviário de carga e de passageiros**

Ao Senhor Coordenador de Planejamento/ CGPLAN/DEPLAN/SPNT/MT,

Encaminho para conhecimento e manifestação o documento em referência que trata de correspondência do presidente da Frente Nacional pela volta das Ferrovias – FerroFrente, José Manoel Ferreira Gonçalves, enviada à Presidência da República, apresentando proposta da entidade para o Governo maximizar os resultados dos esforços dirigidos ao transporte Ferroviário de carga e de passageiros.

2. Solicito elaborar minuta de resposta a ser encaminhada diretamente ao interessado.

Brasília, 20 de fevereiro de 2015.

FRANCISCO LUIZ BAPTISTA DA COSTA
Diretor do Departamento de Planejamento de Transportes
DEPLAN/SPNT/MT

MINISTÉRIO DOS TRANSPORTES
Secretaria de Política Nacional de Transportes
Departamento de Planejamento de Transportes
Coordenação-Geral de Planejamento

Referência: SICAP Nº 2014.0007.1602

Assunto: Proposta para o Governo maximizar os resultados dos esforços em prol do transporte ferroviário de carga e de passageiros.

Interessado: Frente Nacional pela volta das Ferrovias – FerroFrente

---

Ao Senhor Diretor do Departamento de Planejamento de Transportes,

Em atendimento a solicitação, retorno à documentação em referência com sugestão de minuta de ofício que faz considerações e apresenta informações sobre o assunto.

Brasília, 10 de março de 2015.

Eimair Bottega Ebeling
Coordenador-Geral de Planejamento

Esplanada dos Ministérios, Bloco R - Anexo, 4º Andar - Ala Oeste
CEP: 70.044-900 - Brasília/DF - Fone (61)2029-7658 1/1

MINISTÉRIO DOS TRANSPORTES
Secretaria de Política Nacional de Transportes
Departamento de Planejamento de Transportes
Coordenação-Geral de Planejamento

Referência: SICAP Nº 2014.0007.1602

Assunto: Proposta para o Governo maximizar os resultados dos esforços em prol do transporte ferroviário de carga e de passageiros.

Interessado: Frente Nacional pela volta das Ferrovias – FerroFrente

---

Ao Senhor Renato de Aguiar Attuch,

Encaminho a documentação referente ao assunto em epígrafe para análise e manifestação, observar solicitação de elaboração de minuta para resposta.

Brasília, 26 de fevereiro de 2015.

Eimair Bottega Ebeling
Coordenador-Geral de Planejamento

Esplanada dos Ministérios, Bloco R - Anexo, 4º Andar - Ala Oeste 1/1
CEP: 70.044-900 - Brasília/DF - Fone (61)2029-7479 / 2029-7718

MINISTÉRIO DOS TRANSPORTES
Secretaria de Política Nacional de Transportes
Departamento de Planejamento e Avaliação da Política de Transportes
Coordenação-Geral de Planejamento

Referência: SICAP N° 2014.0007.1602
Interessado: Frente Nacional pela volta das Ferrovias - FerroFrente
Assunto: Proposta para o Governo maximizar os resultados dos esforços em prol do transporte ferroviário de carga e de passageiros.

Ao Senhor Coordenador-Geral de Planejamento.

Segue minuta de ofício para análise e providências.

Em, 10 de março de 2015.

Renato de Aguiar Attuch
Técnico Planejamento Econômic
SIAPE nº 1.444.883

MINISTÉRIO DOS TRANSPORTES
Secretaria de Política Nacional de Transportes
Departamento de Planejamento de Transportes

Referência: SICAP nº 2014.0007.1602

Interessado: Frente Nacional pela volta das Ferrovias – Ferro Frente

Assunto: Proposta para o Governo maximizar os resultados dos esforços em prol do transporte ferroviário de carga e de passageiros.

Ao Senhor Secretário de Política Nacional de Transportes/SPNT/MT,

Em função da documentação restituo o presente, instruídos por minuta de resposta ao interessado, com a qual estou de acordo.

Brasília, 22 de abril de 2015.

FRANCISCO LUIZ BAPTISTA DA COSTA
Diretor de Planejamento de Transportes
SPNT/MT

MINISTÉRIO DOS TRANSPORTES
SECRETARIA DE POLÍTICA NACIONAL DE TRANSPORTES
EMI, Anexo do Bloco "R", 4º andar, sala 401, Ala Oeste.
Brasília -DF – CEP 70044-902
Fones: (61) 2029-7589 /7591 - Fax: (61) 2029-7600 – e-mail: spnt.mt@transportes.gov.br

OFÍCIO Nº 116 /2015/SPNT/MT

Brasília, 23 de abril de 2015.

À Sua Senhoria o Senhor
JOSÉ MANOEL FERREIRA GONÇALVES
Presidente da Frente Nacional Pela Volta das Ferrovias – FERROFRENTE

c/c
À Sua Senhoria o Senhor
SÁLVIO LUIZ
Secretário da FERROFRENTE

Assunto: Proposta para o Governo maximizar os resultados dos esforços em prol do transporte ferroviário de carga e passageiros.

Prezados Senhores,

1. Cumprimentando-os cordialmente, agradecemos o contato e, em atenção à correspondência enviada, informamos que registramos as suas proposições atinentes ao setor transportes, as quais serão objeto de estudos mais detalhados para identificação de possíveis aplicações no contexto deste Ministério.

2. O grande interesse demonstrado motiva-nos reafirmar que o Governo Federal, por meio do Ministério dos Transportes, das Agências e Empresas vinculadas, bem como das instituições e entidades públicas ou privadas, vem atuando no sentido de encontrar o melhor caminho para as ferrovias brasileiras, enquadrando-as nos seus principais programas que visam à movimentação de cargas e pessoas.

3. Para tanto, o desenvolvimento de trabalhos por parte de técnicos a serviço do Estado, de empresários interessados no setor, de pesquisadores e estudiosos convergem no sentido de apresentar as melhores soluções para o modal ferroviário, tendo em vista a sua importância na matriz de distribuição da nossa produção, das nossas riquezas e na movimentação dos nossos cidadãos.

MINISTÉRIO DOS TRANSPORTES
SECRETARIA DE POLÍTICA NACIONAL DE TRANSPORTES
EMI, Anexo do Bloco "R", 4º andar, sala 401, Ala Oeste.
Brasília -DF - CEP 70044-902
Fones: (61) 2029-7589 /7591 - Fax: (61) 2029-7600 - e-mail: spnt.mt@transportes.gov.br

4. Considerando o conhecimento de V.Sª. a respeito do transporte ferroviário, destacamos, dispensando detalhes, os projetos em curso no âmbito deste Ministério e das Entidades coligadas, vontados para a sedimentação do modal em questão:

- Programa de Investimentos em Logística - PIL.
- Plano Nacional de Logística e Transportes – PNLT
- Programa Nacional de Logística Integrada - PNLI
- Ferrovia Norte Sul.
- Ferrovia de Integração Oeste Leste.
- Transporte de Alta Velocidade – TAV
- Trens Regionais de Passageiros, com seis estudos concluídos e em fase de análise para implantação.
- Contornos ferroviários localizados em áreas urbanas afetadas pela movimentação de trens.

5. Ressaltamos que informações a respeito destes estudos estão disponíveis em nosso endereço eletrônico www.transportes.gov.br.

Atenciosamente,

HERBERT DRUMMOND
Secretário de Política Nacional de Transportes – SPNT/MT

INTERLIGAÇÃO FERROVIÁRIA DA BAIXADA SANTISTA

A FerroFrente nasceu com o intuito de promover a volta do trem ao Brasil. Para realizar o intento, contudo, para os pontos de maior carência ferroviária ela pretende lançar Frentes pontuais
Abaixo o Manifesto pela Frente da interligação ferroviária da Baixada Santista.

Manifesto da Frente Cidadã pela Interligação Ferroviária da Baixada Santista:

Uma Frente Suprapartidária Pela Metropolização Ferroviária de Cargas e Passageiros
Para o Crescimento do Porto na Baixada Santista O maior porto da América Latina é, a um tempo, um bem e um mal na vida dos moradores da Baixada Santista. É um bem incomensurável no sentido de que representa o maior motor da economia local. É um mal porque, devido à escassez de trilhos para transportar as cargas que se destinam a ele ou se originam dele, congestiona a região, gerando imobilidade, arrastões, poluição, acidentes etc. Paradoxalmente, ao mesmo tempo em que impulsiona a economia local, ele a freia, principalmente porque esse estado de coisas, entre muitas outras mazelas, desestimula o turismo, historicamente uma das mais importantes fontes de renda da região.
Essa realidade enubla outras cidades portuárias do país, mas como a Baixada Santista já liderou movimentos importantes na história da nação, mais que qualquer outra região, até por sua condição de metrópole, tem a natural capacidade de organizar e mudar positivamente o cenário. O Porto de Santos e o povo da Baixada Santista precisam receber da federação a retribuição pelo enorme serviço que prestam a toda a nação, e não, ao contrário, continuar pagando com a inacessibilidade e demais mazelas decorrentes da logística mal projetada.

Neste sentido:

I. É inadiável que novas linhas de trem de acesso à cidade de Santos sejam imediatamente implantadas.

II. Não menos importante é que se instale uma linha que promova a verdadeira metropolização da Baixada, interligando as cidades por linhas férreas que atendam tanto os trens de cargas quanto de passageiros.

III. Essa implantação/integração é que dará reais condições de o Porto de Santos crescer, fazendo crescer a economia regional e, consequente, o bem-estar de todos, sem trazer nesse crescimento os fatores negativos resultantes do congestionamento das estradas. A metropolização, portanto, pode trazer inúmeros benefícios, mas para que esses benefícios sejam alcançados é necessário que além do anel metropolitano, haja a implantação de novas linhas férreas que desçam a maravilhosa Serra de Santos.

Por inúmeros que sejam os problemas atuais, é necessário que o Porto cresça. A população da Baixada Santista quer Porto grandioso, competitivo, mas que respeite a cidade e a população. A resposta para isso é a metropolização ferroviária, motivo pelo qual, nesta data, sob coordenação geral do estudioso do assunto, José Manoel Ferreira Gonçalves, e apoio das autoridades subscritas, visando o necessário apoio civil de tantos brasileiros quantos o queiram assim manifestar-se, esta frente é lançada com os mais e melhores valores cidadãos.

13 de novembro de 2013

AÇÃO PÚBLICA PROPOSTA PELA FERROFRENTE JUNTO À JUSTIÇA FEDERAL

EXCELENTÍSSIMO SENHOR DOUTOR JUIZ DA

VARA FEDERAL DE BRASÍLIA DA SEÇÃO JUDICIÁRIA DO DISTRITO FEDERAL

DISPENSADA DO ADIANTAMENTO DE CUSTAS (Lei

7.347/1985, art. 18)

A FRENTE NACIONAL PELA VOLTA DAS FERROVIAS – FERROFRENTE, associação civil sem fins lucrativos, inscrita no CNPJ/MF sob o nº neste ato representada por seu PRESIDENTE, JOSÉ MANOEL FERREIRA GONÇALVES, cidadão brasileiro, casado, residente à Rua Rio de Janeiro, 224, ap. 24, Higienópolis, São Paulo, SP, CEP 01240-010, portador do RG nº 886924-4 e inscrito no CPF/MF sob o nº. 842.295.868-68, que adiante assina, vem, muito respeitosamente perante Vossa Excelência propor a presente Ação Civil Pública

Em face de PRESIDENTE DA REPÚBLICA DILMA VANA ROUSSEFF, pessoa física inscrita no CPF/MF sob o nº 133.267.246-91, com endereço no PALÁCIO DO PLANALTO, Praça dos Três Poderes, Brasília, DF; UNIÃO FEDERAL pessoa jurídica de direito público interno, inscrita no CNPJ sob nº 02.961.362/0001-74, com sede em Brasília, DF; MINISTÉRIO DOS TRANSPORTES, órgão do governo federal, inscrito no CNPJ/MF sob o nº 37.115.342/0001-67, com endereço na Esplanada dos Ministérios, Bloco R, 2º andar, Plano Piloto, Brasília, DF; DNIT-DEPARTAMENTO NACIONAL DE INFRAES-

TRUTURA DE TRANSPORTES, autarquia federal, inscrito no CNPJ/

MF sob o nº 04.892.707/0001-00, com endereço em Q 03 LOTE A, S/N, Edifício Núcleo dos Transportes, 4º Andar, SAN, Brasília, DF; EMPRESA DE PLANEJAMENTO E LOGÍSTICA S.A. - EPL, empresa pública da União, inscrita sob o CNPJ/MF nº 15.763.423/0001-30, com endereço em ST SCS QUADRA 9 LOTE C, COMPLEXO PARQUE CID. CORPORATE, TORRE C, S/N, 7º e 8º andar, ASA SUL, Brasília, DF; e VALEC ENGENHARIA CONSTRUCOES E FERROVIAS S/A, empresa pública da União, inscrita no CNPJ/MF sob o nº 42.150.664/0001-87, com endereço em ST SEP/SUL QUADRA 713/913 LOTE E,

Edifício CNC Trade, Asa Sul, Brasília, DF.

A. Dos Fatos

A Questão da Logística no Brasil

A questão dos transportes e da logística da economia brasileira é um dos assuntos mais importantes para o pleno desenvolvimento do país, e sua integração nacional.

Infraestruturas qualificadas de estradas, ferrovias, hidrovias, aerovias, dutovias, etc permitiriam o transporte eficiente de serviços e mercadorias, garantindo aos setores da economia as condições para a livre concorrência, e ao consumidor e cidadão o direito de ter acesso aos recursos.

Entretanto, o Brasil sofre com o descaso na gestão das infraestruturas existentes e a falta de investimento na sua ampliação. Seriam necessários investimentos robustos em ferrovias e outras formas de transporte para diminuir a dependência em relação às rodovias.

O transporte rodoviário – realizado por meio de caminhões – é o principal modal de transportes do Brasil, respondendo 67% das mercadorias transportadas (medido em TKU – Tonelada por quilômetro útil, segundo relatório Panorama ILOS – Custos logísticos no Brasil – 2014).

Enquanto isso, o transporte por meio de ferrovias responde por 18% da participação dos modais de transporte no Brasil. Se comparado com os Estados Unidos, a participação modal brasileira revela-se muito atrasada, afinal, nos Estados Unidos, as ferrovias respondem por 37% da participação modal, superior aos transportes rodoviários, que representam 31%.

Os custos do transporte rodoviário são muito elevados, e chegam a mais de 6 vezes os custos do transporte ferroviário, tudo de acordo com o relatório Panorama ILOS, supracitado. Como exemplo, para transportar uma tonelada por um quilômetro, estima-se que sejam necessários US$ 133,00 para o transporte rodoviário, contra US$ 22,00 para o ferroviário.

A predominância dos transportes rodoviários no Brasil se dá em virtude da falta de infraestrutura, já que há muito mais rodovias do que ferrovias, e a política para a expansão de ferrovias se revela insuficiente, conforme será narrado nessa ação.

Como resultado, a extensão de ferrovias em comparação à extensão de rodovias no Brasil revela limitações na infraestrutura nacional e induz a hegemonia do transporte rodoviário.

Por consequência, os produtores são obrigados a transportar suas mercadorias principalmente por meio de rodovias, arcando com os custos elevados desse modal, por não terem o acesso ao modal ferroviário.

Os investimentos na ampliação do modal ferroviário poderiam, conforme demonstrado nessa narrativa, reduzir os custos de logística da economia nacional e contribuir com a redução do chamado "custo Brasil".

Além disso, o modal ferroviário é muito mais ambientalmente adequado do que o modal rodoviário: segundo o relatório "Transporte na China: Consumo de Energia e Emissões (de CO2) dos Diferentes Modais de Transporte" da organização alemã "Instituto de Energia e Pesquisa Ambiental de Heidelberg", da Alemanha, as emissões de dióxido de carbono (CO2) no transporte feito por carretas é 10 (dez) vezes superior à emissão no transporte ferroviário.

Assim sendo, do ponto de vista econômico, social e ambiental, as ferrovias são muito mais interessantes do que as rodovias. A título de comparação, o Brasil é o 4° maior país do mundo em extensão de rodovias, mas apenas o 10° maior país em extensão de ferrovias, perdendo para países de muito menor extensão territorial, como a Alemanha e a França. O relatório do TCU reforça as diversas vantagens do modal ferroviário (INF16).

Por todo o exposto, a entidade AUTORA sustenta que o governo brasileiro deveria ter um plano para a expansão e funcionamento das ferrovias, o que poderia contribuir com o desenvolvimento econômico nacional.

A Situação Atual dos Investimentos

As infraestruturas ferroviárias no Brasil vivem em estado vegetativo.

No ano de 2012, o governo federal anunciou o PROGRAMA DE INVESTIMENTOS EM LOGÍSTICA (PIL), que previa uma série de investimentos em diversos modais, entre eles, as ferrovias (INF4).

De acordo com o programa, seriam destinados cerca de 90 bilhões de reais para a reforma e ampliação de 10 mil quilômetros de ferrovias (INF7), extensão que representariam um acréscimo de cerca de 1/3 dos atuais quase 30 mil quilômetros de ferrovias existentes.
Os investimentos seriam realizados a partir de concessões que receberiam financiamentos de até 80% do BNDES (Banco Nacional de Desenvolvimento Econômico e Social), conforme anunciado (INF6). Os investimentos seriam feitos pela iniciativa privada que receberia a concessão da infraestrutura por 30 anos.
O PIL propunha, entre as diversas modalidades de atração de investidores, a emissão de debêntures específicas para o programa (INF5).
A proposta do PIL centrava na necessidade de expansão das ferrovias que é, de fato, uma questão central para o fortalecimento do modal. Mas, além da necessidade de ampliação da malha ferroviária, o Brasil necessita de políticas concretas para o uso e manutenção das ferrovias. Atualmente, há trechos subutilizados, conforme constatado pela própria ANTT (Agência Nacional de Transportes Terrestres), do Governo Federal (INF13) no ano de 2011.
Segundo informações da ANTT, mais de 5,5 km de ferrovias encontram-se subutilizados e, até mesmo, abandonados, necessitando de reformas e requalificações. A entidade AUTORA estima que essa extensão é, na verdade, muito maior.
Uma parte relevante dos quase 30 mil km de ferrovias brasileiras encontra-se subutilizada na logística nacional, sobretudo em virtude de problemas de gestão. Há casos em que as operadoras das ferrovias atuam, também, como concorrentes dos produtores no mercado, como é o caso do Grupo Econômico COSAN, que é o maior acionista da empresa América Latina Logística, detentora de vários trechos de ferrovias, e também atua no setor agrícola e industrial, produzindo soja, entre diversos outros produtos agrícolas e industriais.
Com efeito, não seria interessante para a COSAN que as ferrovias sob seu controle fossem eficientes, pelo menos não ao ponto de favorecer seus clientes. Com efeito, há uma tendência da empresa concentrar os trabalhos da infraestrutura para o escoamento somente de sua produção, encarecendo o acesso aos serviços para seus concorrentes.

O caso mencionado é apenas um exemplo de outros que ocorrem no Brasil, como, por exemplo, o caso de mineradoras que também controlam ferrovias, etc. O fato de existirem situações como essas, é, no sentir da entidade autora, uma demonstração da fragilidade na regulação do setor, e a falta de uma política concreta de fortalecimento desse tipo de infraestrutura.

Sem ter uma diretriz clara quanto à política de gestão, o PIL tem patinado, e já encontra alguns fracassos. Na aplicação do PIL, o governo realizou leilões nos quais não apareceu nenhum interessado (INF12, INF15).

Diante do fracasso, que ocorreu em um leilão de rodovia, o governo decidiu adiar os investimentos em ferrovias (INF14, INF15). Entretanto, depois de adiamentos, nada foi investido em ferrovias (INF17). Todo o conteúdo do PIL, concernente a essa temática, ficou só no papel.

Para que os investimentos se tornem realidade, na opinião da entidade AUTORA da presente AÇÃO CIVIL PÚBLICA, são necessárias diversas atitudes que não são concretamente tomadas pelo governo federal. Dessa forma, acredita-se que, a despeito dos anúncios, o governo federal, por meio de seus órgãos, não está verdadeiramente empenhado nos investimentos em ferrovias.

Se o governo federal pretende realizar os investimentos em infraestruturas por meio de concessões à iniciativa privada (INF17), é urgente que haja a regulamentação do setor. Tanto por parte dos empresários, como por parte da sociedade, há uma insegurança jurídica que pode provocar o caos no setor: a sociedade pode ficar refém de concessões extremamente favoráveis aos empresários ou, de outro lado, os empresários podem não ter a segurança necessária para investir.

Como exemplo, em 2015 o Tribunal de Contas da União (TCU) publicou o Relatório de Auditoria nº TC 019.059/2014 – AC - 1205-18/15-P (INF18, INF19), no qual narrou, entre outros aspectos, o seguinte:

No entanto, alguns aspectos de modelo de operação vigente são criticados pelos especialistas do setor. Em nota técnica do Instituto de Pesquisa Econômica Aplicada (2012), intitulada 'Considerações sobre os marcos regulatórios do setor ferroviário brasileiro – 1997-2012, os autores afirmam que apesar dos significativos avanços, o modelo de regulamentação econômica preconizado nos contratos apresentou pontos falhos, por 'não estimular um maior nível de investimentos, não propiciar melhor utilização da malha ferroviária em toda a sua extensão e por não permitir maior concorrência entre os concessionários (...)'.

O marco regulatório, portanto, é criticado de parte a parte: do ponto de vista dos fiscais do poder público, os contratos atuais permitem que os empresários atuem com desídia em relação aos investimentos. Os empresários, por sua vez, acreditam que não há segurança jurídica suficiente para fomentar investimentos (INF15).

Nesse contexto, o governo federal lançou, em 10 de junho de 2015, um novo Plano de Investimentos em Logística (INF9), chamado de PIL 2, ou PIL 2015-2018. Nesse plano, novamente são lançadas metas para o setor ferroviário, considerado prioritário para os investimentos. Ocorre que não existem iniciativas concretas que revelem o esforço no sentido de realizar investimentos em infraestrutura ferroviária, o que motiva a propositura da presente ação, com o intuito de que sejam promovidos os atos administrativos necessários para a criação de condições de implantação do plano.

Ferrovia Norte-Sul

Em 22 de maio de 2014, o governo federal inaugurou a ferrovia norte-sul, que liga Palmas, no Tocantins, a Anápolis, em Goiás. O trecho, com 855km, encontra-se desativado desde então, por não ter sido ainda licitado ou colocado em operação de outra forma.

Conforme notícia de INF20, mesmo já tendo sido concluído a um ano, o trecho encontra-se sem utilização comercial, o que representa um grave dano ao patrimônio público, já que sujeita a mencionada infraestrutura ao abandono propriamente dito, ou seja, sem operação comercial no trecho, não existem manutenções periódicas da infraestrutura, permitindo que seja tomada pelo mato e pela ferrugem.

Assim, nota-se com surpresa que, mesmo nos casos em que são feitos investimentos no setor, em montantes irrisórios, os recursos são desperdiçados por má-gestão.

Por todo o exposto, a entidade AUTORA promove a presente AÇÃO CIVIL PÚBLICA, com o fito de obter medidas judiciais que obriguem o governo a executar políticas concretas para os transportes ferroviários.

B. Do Direito

Os fatos narrados incidem sobre valores muito importantes da sociedade brasileira. Conforme dito na presente ação, as ferrovias são um modal com grandes vantagens comparativas, entre elas os custos, consideravelmente mais baixos no modal ferroviário em relação ao rodoviário, os benefícios ambientais e os benefícios socioeconômicos. O investimento em infraestruturas ferroviárias em um nível que permita que esse tipo de recurso possa ser acessível a um maior número de empresas que necessitam distribuir seus produtos é um esforço em defesa da garantia da livre concorrência.

Conforme já narrado, o contingenciamento de acesso às ferrovias provoca, em alguns casos, um contexto de monopólio. Como se vê na notícia sobre ferrovias subutilizadas (INF13), mencionada anteriormente, algumas concessionárias cogitaram "devolver" trechos de ferrovias, que somariam 1,76 mil km.

No contexto de ampliação de ferroviárias, surpreende a hipótese de desativação de trechos, encarada pela entidade AUTORA como parte das estratégias monopolistas de alguns setores controladores de ferrovias, para os quais não interessa a expansão do modal.

Com efeito, a presente ação reivindica os dispositivos constitucionais do art. 1º, IV; art. 3º, II, III e IV; art. 5º, XV, XXII, XXIII; art. 6º; art. 170 caput e incisos.

Isso porque a omissão quanto a políticas públicas em relação aos investimentos em ferrovias fere a liberdade econômica, a livre concorrência, os direitos do consumidor e a ordem econômica.

Se o Brasil investisse efetivamente em ferrovias, valendo-se desse tipo de infraestrutura para conectar seu território de dimensões continentais, haveria consideráveis ganhos no que tange o "custo Brasil", já que as despesas com logística poderiam ser consideravelmente reduzidas, além disso, produtos poderiam ser distribuídos aos consumidores a custos mais baixos, reduzidas as despesas de frete.

Empresários de diversos ramos são prejudicados em seu direito à livre concorrência por serem obrigados a utilizar um modal hegemônico – rodoviário –, de alto custo e com impactos socioambientais relevantes.

Oferecer uma diversidade de modais à sociedade e à economia brasileira contribui com o desenvolvimento nacional e com a garantia do direito constitucional de circular pelo território, ou seja, faz parte do programa constitucional da república brasileira.

Ao omitir-se da tarefa de concretizar investimentos, o Estado brasileiro favorece de forma totalmente desproporcional o setor dos transportes rodoviários. Em síntese, a omissão do Estado fomenta um setor monopolista da economia, com consequências severas para a sociedade.

Com efeito, diante da conduta omissiva do Estado emerge o direito de ação das entidades autorizadas na forma da Lei 7.347/85 de exigirem a devida responsabilização pelos danos de diversas ordens causados a bens especialmente tutelados por essa lei, entre eles, a ordem econômica e o patrimônio público e social.

Com efeito, dentre os pedidos formulados na presente AÇÃO CIVIL PÚBLICA, a entidade AUTORA requer a condenação da UNIÃO ao pagamento de indenização pelos danos causados pela omissão nos investimentos em ferrovias, bem como requer a determinação de obrigação de fazer à UNIÃO, para que, ainda que de forma emergencial, dê início às operações das ferrovias já existentes.

C. Do Cabimento da Ação Civil Pública

A presente AÇÃO CIVIL PÚBLICA é movida pela entidade AUTORA com fulcro na Lei 7.347/85, que autorizou essa iniciativa para a tutela de bens específicos arrolados no art. 1°, dentre eles o patrimônio público e social, a ordem econômica, ao consumidor e, por fim, a qualquer outro interesse difuso ou coletivo.

A entidade AUTORA, denominada FERROFRENTE, tem, entre seus objetivos estatutários constantes do art. 3° do Estatuto Social, o seguinte:

defesa da volta das ferrovias, da eficiência e sustentabilidade do modal ferroviário, de sua viabilidade econômica e social, e a pesquisa sobre tecnologias pertinentes ao modal ferroviário.

defesa, preservação e conservação do meio ambiente e promoção do desenvolvimento sustentável;
promoção do desenvolvimento urbano, desenvolvimento econômico e social e combate à pobreza; (...)
XV. apresentação de denúncias da ocorrência de práticas, governamentais ou não, contrárias à ética e ao interesse coletivo e/ou ambiental.

Com efeito, insere-se nos objetivos da entidade AUTORA a defesa da volta das ferrovias, da eficiência e da sustentabilidade do modal ferroviário, que se revela um direito difuso, relacionado ao direito constitucional ao meio ambiente adequado, bem como aos demais princípios integrantes da ordem constitucional já mencionados.

Os danos causados à sociedade brasileira em virtude da ausência de políticas concretas de investimentos no modal ferroviário são imensuráveis. De todo modo, é inquestionável que a adoção do modal ferroviário resultaria em custos econômicos, sociais e ambientais menores do que a realidade atual, de dominância do modal rodoviário.

Para que a dimensão dos danos possa ser mensurada, requer-se a designação de perícia na área de economia e infraestrutura, a fim de dimensionar, com a precisão que for possível, o prejuízo à economia nacional causado pela falta de ferrovias.

Como parâmetro, o governo estimou investir cerca de 320 bilhões de reais em infraestrutura nos dois planos já mencionados nessa ação, PIL 1 e PIL 2. Destes investimentos, um percentual irrelevante foi efetivamente aplicado.

Destarte, caso o juízo não considere necessária a realização de uma perícia, ou, até mesmo, a fim de complementar as conclusões da perícia, a entidade autora requer seja arbitrada indenização, a ser paga pela UNIÃO e pelos demais RÉUS como reparação aos danos causados à economia brasileira, no montante equivalente aos investimentos previstos em infraestrutura no Brasil, por meio dos PIL1 e PIL 2, ou,sucessivamente, seja a indenização arbitrada em um valor percentual do montante total dos investimentos previstos.

E. Da Legitimidade Passiva

As entidades e pessoas arroladas no polo passivo da presente demanda integram o complexo de autoridades responsáveis pela política ferroviária brasileira.

Considerando a complexidade dos atos governamentais, a parte AUTORA não tem condições de precisar ou de concluir a respeito da responsabilidade isolada de uma ou outra parte, razão pela qual arrola os diversos agentes no polo passivo da demanda, a fim de que as eventuais medidas determinadas pelo juízo possam ser efetivamente cumpridas, bem como para que eventuais sanções de responsabilidades recaiam sobre todos os agentes que efetivamente participam da concretização das medidas aqui reivindicadas.

Com efeito, a Presidenta Dilma Roussef deve integrar o polo passivo da presente demanda, por ter sido responsável pelos anúncios dos programas mencionados na presente ação, bem como por ter afiançado seu nome na promessa de cumprimento dos planos.

Além disso, os diversos atos necessários ao desenvolvimento de programas de investimentos em infraestrutura ferroviárias dependem da atividade direta da Presidência da República, sendo, a omissão nesse sentido, ato atribuído à própria titular do poder executivo.

A União Federal e o Ministério dos Transportes também integram o polo passivo da presente demanda por razões óbvias: a omissão questionada na presente ação diz respeito às competências da União (art. 21, XII, d).

Não é possível, portanto, atribuir a responsabilidade pelas omissões e pelos danos causados, conforme relatado na presente ação, a outro ente que não a própria União Federal, e o Ministério dos Transportes, subdivisão especializada da União para essa finalidade.

Além da União e do Ministério, o governo federal vale-se de órgãos de execução direta das atividades inerentes ao planejamento de transportes e sua operação. Essas atividades ficam a cargo de um rol complexo de órgãos e entidades que, por essa razão, foram também arroladas no polo passivo:

DNIT-DEPARTAMENTO NACIONAL DE INFRAESTRUTURA DE TRANSPORTES, EMPRESA DE PLANEAJMENTO E LOGÍSTICA S.A. - EPL, e a VALEC ENGENHARIA CONSTRUCOES E FERROVIAS S/A.

O DNIT é o órgão que concentra as atividades de planejamento de infraestruturas de transportes, já a EPL e a VALEC são duas empresas do governo federal responsáveis pela execução das atividades inerentes ao tema dos transportes e da logística.

Segundo os sites das mencionadas empresas, a VALEC teria a atribuição de explorar a infraestrutura ferroviária, bem como de construí-la. É, portanto, peça-chave na execução das políticas reivindicadas na presente ação.

Já a EPL teria por finalidade "estruturar e qualificar, por meio de estudos e pesquisas, o processo de planejamento integrado de logística no país, interligando rodovias, ferrovias, portos, aeroportos e hidrovias".

Inquestionável, portanto, a responsabilidade das partes arroladas no polo passivo, pelo que requer seja processada a presente ação em face destes réus.

CARTA ABERTA

O Instituto de estudos FerroFrente, que trabalha pela volta das ferrovias ao país, viu-se na obrigação extrema de impetrar Ação Civil Pública contra o governo federal e a presidente Dilma Rousseff requerendo indenização pelos prejuízos decorrentes dos desencontros e desmandos administrativos, estimados em cerca de 200 bilhões de reais, a serem recolhidos a um fundo especial de investimentos nas ferrovias.

Esse fundo deverá ser capaz de preparar o futuro do setor e assim tirar o país do caos logístico reinante, causa de infindos prejuízos, morte nas estradas e emissões desnecessárias – visto que o trem produz muito menos a poluição que aquece perigosamente nosso planeta e ceifa vidas nas cidades, devido às doenças respiratórias decorrentes, e evita as mortes nas rodovias, tão lamentáveis quanto desnecessárias. A ação tramita na 22ª Vara Federal do Distrito Federal, sob número 00628 / 29-12.2015 /4.01.3400, aos cuidados do juiz Francisco Neves da Cunha.

Esta carta é aberta, dirige-se a toda a nação brasileira, mas mormente à Presidência da República, ao Congresso Nacional e ao Poder Judiciário, na figura do Ministério Público, a quem requer auditoria no trecho da Ferrovia Norte-Sul compreendido entre Anápolis–Palmas, de 855 km, vez que é objeto de inverdades governamentais, enquanto a Infraestrutura exige uma visão e compromissos de Estado, que vise a atual, mas principalmente as futuras gerações, e não tão somente as próximas eleições.

Com a exasperação da competição internacional, deixar de dominar e potencializar os próprios fluxos de mercadorias e pessoas leva a perda de oportunidades e, no limite, põe em risco a economia como um todo. Por exemplo, de que nos adianta produzir soja barata se depois temos de transportá-la por um meio que custa seis vezes mais caro do que aquele que nossos concorrentes diretos usam?

No surgimento das ferrovias no mundo o Brasil estava pari passu com as nações dominantes no aspecto tecnologia em transportes, mas a História nos atropelou e quando a nossa principal produção deixou de estar às margens das redes de trilhos existentes, não foram feitos novos investimentos e os trilhos, instalados a custo, têm sido abandonados desde a década de 1930, sem que novas redes sejam implantadas. No pós-guerra precisávamos nos remodernizar, abrir estradas, inclusive no interesse de consolidar nossas fronteiras. Este foi o cenário ideal para que sofrêssemos lobby das grandes montadoras e, pelos altos investimentos em rodovias, víssemo-nos na impossibilidade de investir em ferrovias, com enorme prejuízo para nossas safras e nossa produção industrial, essa última naqueles tempos ainda incipiente. Qualquer país organizado pratica a intermodalidade, vale-se do caminhão, do trem, do duto e do barco para movimentar suas cargas, que inicialmente são concentradas em centros apropriados e depois transportadas para centros de distribuição.

Num momento em que o mundo está conectado, nós estamos desconectando, dependentes quase que unicamente do meio de transporte mais caro, mais poluente, mais perigoso e, portanto, menos racional: o transporte rodoviário. Neste contexto, é urgente um choque de qualidade, por meio de uma reestruturação da matriz de transportes do nosso país. São muitas as razões para que se coloque definitivamente a intermodalidade no transporte de pessoas e cargas como prioridade de Estado, mas cinco delas são de primeira ordem:

A primeira razão é de ordem macroeconômica, perdemos competitividade internacional por concentração rodoviária.

Isso é um crime contra o cidadão, já que entre inúmeras outras coisas isso representa o confisco de empregos. Sem competitividade a nossa participação na globalização vai cada vez mais ficando restrita à oferta de nosso mercado interno ao produto estrangeiro sem a natural reciprocidade, que seria a disponibilidade do mercado mundial aos nossos produtos. A segunda razão é social. Cereais como o feijão e o arroz, por exemplo, poderiam custar a metade ou até menos, a depender da época do ano, se tivéssemos um modal calcado nas linhas férreas. Isso não significa pouco num país cujo principal programa de redistribuição de renda não consegue ofertar mais que cem reais por mês por família, num país em que a família trabalhadora, muita vez, não consegue atingir mil reais de renda familiar.

A terceira razão é de ordem ambiental. O caminhão emite quatro vezes mais gás carbono que o trem e até dez vezes mais que o transporte aquaviário. Todos estamos amargando um verão inaudito em 2014, importa que reflitamos sobre as causas de fenômenos como esse, fenômenos que comprometem a produção agrícola, a sobrevivência de animais silvestres, provocam queimadas, numa palavra: desafiam e destroem a vida no planeta.

A quarta razão é de segurança. Sequer é preciso dizer, os jornais estampam as funestas consequências de um trânsito caotizado pelo acúmulo impensado de veículos em estradas tão usadas que já não se pode mais mantê-las.

A quinta razão é relativa à saúde. Aquilo que todos sabíamos agora é oficial, a ONU reconheceu em 2013 que a poluição oriunda dos canos de descarga é cancerígena. Não obstante a tardança da oficialização, as mortes por câncer de pulmão gerado pela poluição só fazem aumentar ano a ano. O estresse provocado pelo trânsito, seja dentro de automóveis, seja dentro de ônibus produz doenças as mais graves, para as quais sequer se fazem estatísticas confiáveis. Por essas razões, as mudanças estruturais na matriz de transportes do país clamam por uma ampla discussão, especialmente do marco regulatório dos setores envolvidos, como o Ferroviário, claro. Há necessidade de altos investimentos que infelizmente o governo não pode bancar sozinho, mas falta segurança jurídica para que as concessões possam atrair investimentos pesados capazes de dar um choque de qualidade nos modais existentes, desconcentrado a nossa matriz das rodovias.

Por último, desde as primeiras aquisições das ferrovias inglesas e formação da RFFSA que os trilhos vêm sendo explorados por um único agente, o que não é admissível. Os trilhos não precisam necessariamente ser públicos, mas têm de ter acesso público. Ninguém imagina uma rodovia privada no sentido do uso, ainda que pedagiadas, as rodovias estão francas a quem as quiser usar, por qual razão com os trilhos tem de ser diferente?

Mesmo neste contexto, que provoca apreensão e convoca medidas, no lugar da ação oficial surgem palavras oficiais tergiversando e, mais grave, noticiando inverdades de intuito manipulador sobre os problemas do setor ferroviário e suas consequências, per si libelo inconteste da manipulação política.

É pelo exposto que nos manifestamos: nosso claro posicionamento é CONTRA a continuidade dessas ações irresponsáveis, versus as quais, em nome de toda uma comunidade ferroviária e associados e voluntários que representamos, exigimos resposta e providências que incluam um projeto integrado de desenvolvimento estruturado para os setores de transportes de cargas e passageiros no país, sob pena de, para cumprir nosso estatuto e natural obrigação, perpetrarmos novas ações civis públicas no interesse de toda a nação ora desrespeitada.

Nesse estado de coisas é que estamos vindo a público, respeitosamente, manifestar-nos junto à Sociedade Brasileira, à Presidência da República e ao Congresso Nacional do Brasil, pelos motivos elencados e nos seguintes termos:

1. A questão dos transportes e da logística é um dos assuntos mais importantes para o pleno desenvolvimento da economia brasileira e do país, notadamente no que concerne à integração nacional.

2. Infraestruturas qualificadas e conectadas de rodovias, ferrovias, hidrovias, aerovias, dutovias, ciclovias etc. permitiriam o transporte eficiente de serviços e mercadorias, garantindo aos setores da economia as condições para a concorrência saudável, e ao consumidor e cidadão o direito mais pleno de ir e vir e de acesso a produtos desonerados de fretes descabidos, decorrentes da falta de lógica na logística.

3. O Brasil vem sofrendo desnecessariamente pelo descaso na gestão das infraestruturas existentes e a falta de investimento na ampliação dessas. Seriam necessários investimentos robustos, principalmente em ferrovias e hidrovias, mas também nas demais formas de transporte que diminuíssem a dependência em relação às onerosas e letais rodovias.

4. O transporte rodoviário – realizado por meio de caminhões – vem sendo o principal modal de transportes do Brasil, respondendo por 67% das mercadorias transportadas (medido em TKU – Tonelada por quilômetro útil, segundo relatório Panorama ILOS – Custos logísticos no Brasil –2014).

Já o transporte por meio de ferrovias responde por apenas 18% das cargas no Brasil. Se comparado com a absoluta maioria de países, seja de primeiro mundo ou não, a participação do modal ferroviário brasileiro revela-se pífia. Na Rússia, o melhor exemplo, um país com dimensões continentais como o nosso, essa participação atinge 80%.
Os custos do transporte rodoviário são por demais elevados, de acordo com o supracitado relatório Panorama ILOS chegam a custar seis vezes mais que o transporte ferroviário, tudo . O custo tonelada/quilômetro rodoviário atinge US$ 133,00; enquanto o ferroviário desce até a US$ 22,00. Contudo, o monopólio de empresas privadas sobre os trilhos tem feito que a diferença ao contratante do frete fique apenas trinta por cento menor.
A predominância dos transportes rodoviários no Brasil se dá em virtude de muitos fatores, inclusive culturais e históricos, mas se impõe mais que tudo pela da falta de infraestrutura minimamente apropriada, vez que há muito mais rodovias do que ferrovias, a intermodalidade ou não é ou é mal praticada e a política para a expansão de ferrovias se revela insuficiente.
A parca extensão de binários ferroviários diante da extensão rodoviária no Brasil expõe flagrante limitação na infraestrutura nacional, o que tem induzido à deletéria hegemonia do transporte rodoviário.
Como consequência, por não terem o acesso ao modal ferroviário os produtores são obrigados a entregar suas mercadorias aos meios rodoviaristas, e os custos elevados desse modal são agregados ao custo desses produtos, diminuindo o poder aquisitivo interno, especialmente o dos mais pobres, e impedindo a competividade externa, o que empobrece a nação inteira. Acresce que o fator transporte tem neutralizado a nossa eficiência produtiva, favorecida pela terra farta e pela incidência solar privilegiada, nas commodities graneleiras, atualmente concentrada na soja, como já o foi no milho.
Os investimentos na ampliação do modal ferroviário poderiam, portanto, conforme pretendemos ter demonstrado nessa narrativa, reduzir os custos de logística da economia nacional e assim contribuir com a redução do chamado "custo Brasil", sem ter de tirar, como invariavelmente vem sendo apontado como solução, os direitos trabalhistas.

Além disso, importa destacar o quanto o modal ferroviário é mais adequado ambientalmente que o modal rodoviário: segundo o relatório "Transporte na China: Consumo de Energia e Emissões (de CO2e demais poluentes) dos Diferentes Modais de Transporte" da organização alemã "Instituto de Energia e Pesquisa Ambiental de Heidelberg", da Alemanha, as emissões de dióxido de carbono (CO2) no transporte feito por carretas é dez vezes maior que a emissão do transporte ferroviário.

Seja do ponto de vista econômico, social ou ambiental, as ferrovias são muito mais convenientes e apropriadas do que as rodovias, que deveria estar destinada aos automóveis de passeio e para transporte de cargas a curtíssimas distâncias. A título de comparação, o Brasil é o 4º maior país do mundo em extensão de rodovias, mas apenas o 10º maior país em extensão de ferrovias. Chega ao extremo de, apesar de seus 8,5 milhões de quilômetros quadrados, ter menos quilometragem de ferrovias que a Alemanha, com seus 0,35 milhões de quilômetros quadrados e França, com 0,55 milhões de quilômetros quadrados, que apenas quando somados equivalem a dez por cento da área nossa.

Acresce que o relatório do TCU reforça as diversas vantagens do modal ferroviário (INF16).

Por todo o exposto, a FerroFrente sustenta que o governo brasileiro deveria ter um real plano para a expansão e funcionamento das ferrovias, o que poderia contribuir com o desenvolvimento econômico nacional.

A realidade das infraestruturas ferroviárias no Brasil é, metaforicamente, de vida vegetativa e as soluções quiméricas: No ano de 2012, o governo federal anunciou o PROGRAMA DE INVESTIMENTOS EM LOGÍSTICA (PIL), que previa uma série de investimentos em diversos modais, entre eles, as ferrovias (INF4).

De acordo com o programa, seriam destinados cerca de 90 bilhões de reais para a reforma e ampliação de 10 mil quilômetros de ferrovias (INF7), extensão que representariam um acréscimo de cerca de 1/3 dos atuais quilômetros de ferrovias existentes, que é inferior a 30 mil km.

Esses investimentos seriam realizados por concessionários privados, que receberiam a concessão da infraestrutura por 30 anos, mas que receberiam financiamentos de até 80% do capital necessário pelo BNDES (Banco Nacional de Desenvolvimento Econômico e Social), conforme anunciado (INF6).

Entre as diversas modalidades de atração de investidores O PIL propunha a emissão de debêntures específicas para o programa (INF5).

A proposta do PIL centrava na necessidade de expansão das ferrovias que é, de fato, uma questão central para o fortalecimento desse modal bem como da viabilização da necessária e eficiente intermodalidade.

Além da necessidade de ampliação da malha ferroviária, contudo, o Brasil necessita de políticas concretas para o uso e manutenção das ferrovias. Atualmente, há trechos subutilizados, conforme constatado pela própria ANTT (Agência Nacional de Transportes Terrestres), do Governo Federal (INF13) no ano de 2011.

Segundo informações da ANTT, mais de 5,5 mil quilômetros de ferrovias encontram-se subutilizados e, até mesmo, abandonados, necessitando de reformas e requalificações. Não obstante a FerroFrente estima que essa extensão é, na verdade, extremamente maior. Sustenta ainda que foi a desconsideração dessa realidade pelos sucessivos governos, e pelas elites econômicas, políticas e até mesmo acadêmicas, que nos levou a essa situação de absoluto caos.

Mesmo neste contexto que provoca apreensão e convoca medidas, no lugar da ação oficial surgem palavras oficiais tergiversando e, mais grave, noticiando inverdades de intuito manipulador sobre os problemas do setor ferroviário e suas consequências, per si libelo inconteste da manipulação política.

Pelo exposto que nos manifestamos, nosso claro posicionamento é CONTRA a continuidade dessas ações irresponsáveis, versus as quais, em nome de toda uma comunidade ferroviária e associados e voluntários que representamos, exigimos resposta e providências que incluam um projeto integrado de desenvolvimento estruturado para os setores de transportes de cargas e passageiros no país, sob pena de, para cumprir nosso estatuto e natural obrigação, perpetrarmos novas ações civis públicas no interesse de toda a nação ora desrespeitada.

FERROFRENTE: FRENTE NACIONAL
PELA VOLTA DAS FERROVIAS

José Manoel Ferreira Gonçalves – Presidente

LIMINAR

EXCELENTÍSSIMO SENHOR DOUTOR JUIZ FEDERAL DA ___ VARA FEDERAL DA SEÇÃO JUDICIÁRIA DO DISTRITO FEDERAL

DISPENSADA DO ADIANTAMENTO DE CUSTAS (Lei 7.347/1985, art. 18)

Urgente – Pedido Liminar

DISTRIBUIÇÃO POR DEPENDÊNCIA – 22ª VARA FEDERAL DO DISTRITO FEDERAL

AUTOS PRINCIPAIS: AÇÃO CIVIL PÚBLICA Nº 0062829-12.2015.4.01.3400

A FRENTE NACIONAL PELA VOLTA DAS FERROVIAS – FERROFRENTE, associação civil sem fins lucrativos, já qualificada nos autos, neste ato representada por seu PRESIDENTE, JOSÉ MANOEL FERREIRA GONÇALVES, cidadão brasileiro, também já qualificado anteriormente vem, muito respeitosamente perante Vossa Excelência, com fulcro no art. 796 e ss. do Código de Processo Civil, formular a presente

Medida Cautelar c/c Pedido Liminar Inaudita Altera Pars

Em face da PRESIDENTE DA REPÚBLICA DILMA VANA ROUSSEFF, pessoa física inscrita no CPF/MF sob o nº 133.267.246-91, com endereço no PALÁCIO DO PLANALTO, Praça dos Três Poderes, Brasília, DF; UNIÃO FEDERAL pessoa jurídica de direito público interno, inscrita no CNPJ sob nº 02.961.362/0001-74, com sede em Brasília, DF; MINISTÉRIO DOS TRANSPORTES, órgão do governo federal, inscrito no CNPJ/MF sob o nº 37.115.342/0001-67, com endereço na Esplanada dos Ministérios, Bloco R, 2º andar, Plano Piloto, Brasília, DF; DNIT--DEPARTAMENTO NACIONAL DE INFRAESTRU-

TURA DE TRANSPORTES, autarquia federal, inscrito no CNPJ/MF sob o nº 04.892.707/0001-00, com endereço em Q 03 LOTE A, S/N, Edifício Núcleo dos Transportes, 4º Andar, SAN, Brasília, DF; EMPRESA DE PLANEJAMENTO E LOGÍSTICA S.A. - EPL; VALEC ENGENHARIA CONSTRUCOES E FERROVIAS S/A, empresa pública da União, inscrita no CNPJ/MF sob o nº 42.150.664/0001-87, com endereço em ST SEP/SUL QUADRA 713/913 LOTE E, Edifício CNC Trade, Asa Sul, Brasília, DF; e AGÊNCIA NACIONAL DE TRANSPORTES TERRESTRES, agência pública, inscrita no CNPJ/MF sob o nº 04.898.488/0001-77, com endereço em Setor de Clubes Esportivos Sul - SCES, lote 10, trecho 03, Projeto Orla Polo 8 - Brasília – DF
CEP: 70200-003. A presente MEDIDA CAUTELAR é instaurada no curso da ação principal, AÇÃO CIVIL PÚBLICA nº 0062829-12.2015.4.01.3400, que é movida em face das mesmas partes ora requeridas.

Da Medida Cautelar

De acordo com a matéria anexa (INF2), o governo pretende realizar um leilão para repassar à iniciativa privada o controle sobre a ferrovia norte-sul, em toda a sua extensão. A concessão na modalidade OUTORGA representa o antigo modelo adotado no setor, por meio do qual o trecho é entregue a uma empresa concessionária que controlará o trilho; em troca, a empresa deve pagar ao governo uma indenização, a título de "outorga". A outorga representa ganhos imediatos de recursos ao governo, já que é feito na forma de leilão em que a empresa disposta a pagar mais pelo trilho ganha o direito de assumir a concessão. Porém, esse modelo também tem prejuízos, pois não garante a qualidade na prestação dos serviços, nem o controle de preços, tampouco a acessibilidade à infraestrutura.
Em síntese, o concessionário torna-se "dono" do trilho, podendo até mesmo desativar trechos que não lhe interessem ou inibir a utilização da infraestrutura por determinadas empresas, com base em interesses do concessionário, como vemos na notícia de INF3, que aponta para o

desmonte seletivo da infraestrutura administrada pela COSAN-RUMOALL.
A seletividade do desmonte tem a ver com os interesses das concessionárias em seus negócios agrícolas e uma estratégia de prejudicar concorrentes. Entretanto, o governo mantinha uma posição inerte com relação a esse assunto, de modo que as notícias anunciavam fatos que nunca se tornavam realidade. De todo modo, caso a União pretenda concessionar trechos da ferrovia norte-sul, será indispensável adotar um modelo moderno e adequado para o futuro do Brasil. Nesse sentido, a ação principal pleiteia uma série de medidas no sentido de assegurar que os investimentos em ferrovias finalmente se tornem realidade e que sejam feitos dentro de marcos e diretrizes adequadas, que garantam a preservação do patrimônio público e o desenvolvimento econômico. Entretanto, em Janeiro, a entidade AUTORA tomou conhecimento da realização de atos públicos pela Agência Nacional de Transportes Terrestres – ANTT no sentido da concessão de trechos da ferrovia norte-sul. Em 19 de janeiro deste ano, a ANTT divulgou o edital de uma audiência pública, divulgado na forma de "Audiência Pública nº 001/2016" (INF4, INF5, INF6, INF7 e INF8), no qual anuncia a realização de sessões presenciais de audiência pública no dia 16 de fevereiro de 2016, nas cidades de Anápolis/GO, Três Lagoas/MS e Brasília/DF, sendo admitido o envio de contribuições até o dia 19 de fevereiro.

Ocorre que, na documentação divulgada pela ANTT, não existem informações claras a respeito da matéria em discussão. Aliás, a audiência é divulgada para "colher subsídios, com vistas ao aprimoramento das minutas de Edital, de Contrato e dos Estudos Técnicos que se prestarão a disciplinar as condições em que se dará a concessão, à iniciativa privada, do trecho ferroviário" (INF5). No entanto, não permite a consulta pelos cidadãos das minutas de Edital, Contrato e Estudos Técnicos, inviabilizando dessa maneira a participação qualificada dos interessados.

A realização de uma audiência pública exige a divulgação prévia de informações, como já é estabelecido em documentos administrativos, como a Resolução Nº 25 do Conselho Nacional das Cidades (INF5), que prevê o prazo de 15 (quinze) dias de antecedência para a divulgação de informações a serem discutidas na audiência. Além disso, a Lei de Acesso à Informação (Lei 7.724/12), assegura o acesso à informação por meio da realização de audiências que, entretanto, exigem informação prévia à população. Por fim, considerando os princípios constitucionais da publicidade, impessoalidade, moralidade, eficiência e legalidade, contidos no comando constitucional do art. 37 da Carta Magna, é indispensável o conhecimento prévio das informações a serem discutidas em audiência, sob pena de ser assegurado o conhecimento delas ao conjunto de agentes públicos privilegiados, ferindo o princípio da pessoalidade. Ademais, a divulgação das informações é a própria expressão do princípio da publicidade, bem como da moralidade, do qual se assume que a ampla transparência é uma forma de prevenir eventual prevaricação.

Para que a audiência possa ter um bom funcionamento, em nome da eficiência, é indispensável o conhecimento prévio das informações.

Por todo o exposto, a entidade AUTORA requer seja deferida medida liminar de obrigação de fazer à União e à ANTT para que seja suspensa a realização da Audiência Pública/ANTT nº 001/2016, a fim de realizá-la novamente em data futura a ser designada, assegurando-se o conhecimento prévio com 15 (quinze) dias de antecedência da realização da audiência do conteúdo das minutas de Edital, de Contrato e dos Estudos Técnicos que se prestarão a disciplinar as condições em que se dará a concessão.

Do Pedido Liminar

Depois do ingresso da ação principal, a parte RÉ praticou novas condutas danosas ao patrimônio público e aos bens tutelados pela lei da ação civil pública motivando a propositura da presente medida cautelar. Isto porque se a mencionada AUDIÊNCIA PÚBLICA for realizada sem a devida transparência, haverá considerável prejuízo ao objeto tutelado nos autos principais, uma vez que será realizada a concessão de milhares de km de ferrovias ignorando os pedidos formulados pela parte AUTORA para que seja estabelecido um marco

regulatório adequado ao interesse público no setor ferroviário. Veja-se que na petição inicial, a parte AUTORA requereu ao juízo que determine às partes RÉS que iniciem operação, em caráter emergencial, dos trechos de ferrovias nacionais paralisados, a fim de prevenir a perda total do patrimônio público.
A operação em caráter emergencial não se confunde com a concessão de trechos ferroviários na modalidade de leilão de outorga como está sendo anunciado pela ANTT no caso específico, afinal, essa modalidade de concessão vinculará uma concessionária à prestação do serviço por muitas décadas, impedindo que sejam adotadas as medidas de regulamentação do setor requeridas na ação principal.

Da Necessidade de Estabelecer um Modelo de Concessõe s

O país necessita de uma política séria e consistente no setor de ferrovias, que assegure a máxima operação dos trechos desse modal de transporte com acesso democrático aos diversos setores da economia por meio de uma política de preços justos com concorrência e com investimentos na ampliação das ferrovias existentes.
Se esse objetivo está no horizonte, a concessão de ferrovias sem a devida participação social e sem o acesso à informação é conduta extremamente prejudicial ao interesse público, uma vez que sequer é informado previamente na audiência pública a forma como o governo espera recuperar os investimentos públicos feitos na implantação de vários trechos das ferrovias.
A ausência de um modelo de recuperação de investimentos e da divulgação prévia deste modelo nessa audiência anuncia que as devidas cautelas para que não haja dilapidação do patrimônio público talvez não estejam sendo tomadas. Se o governo investe um grande montante de recursos na construção de ferrovias e, depois, realiza um procedimento de concessão ao setor privado, é necessário que o governo busque a recuperação do valor gasto no modelo de concessões.

Além disso, o modelo de concessões deve assegurar os múltiplos usos do modal ferroviário e a concorrência na sua utilização, garantindo uma política de preços adequada.

Dos Pedidos

Por todo o exposto, a entidade AUTORA requer:
Seja determinado, em caráter liminar e inaudita altera pars, a suspensão da audiência pública designada pela ANTT nº 001/2016, fim de realizá-la novamente em data futura a ser designada, assegurando-se o conhecimento prévio com 15 (quinze) dias de antecedência da realização da audiência do conteúdo das minutas de Edital, de Contrato e dos Estudos Técnicos que se prestarão a disciplinar as condições em que se dará a concessão;
Sejam os réus citados para, querendo, oferecer contestação;
Seja a presente medida cautelar julgada inteiramente procedente. Dá-se à causa o valor de R$ 100.000,00 (cem mil reais).
Termos que, pede deferimento.
Brasília, 14 de janeiro de 2016
BRUNO CÉSAR DESCHAMPS MEIRINHO OAB/PR 48.641

OFÍCIO ANTT
Ofício n.º01/2016
São Paulo, 13 de janeiro de 2016.
A Sua Excelência, o Senhor
Jorge Luiz Macedo Bastos
Diretor-geral da **ANTT**
Setor de Clubes Esportivos Sul - SCES,
Lote 10, trecho 03, Projeto Orla Polo 8 - Brasília - DF CEP: 70200-003
Assunto: Demissões no setor de reparos de equipamentos ferroviários por parte da Rumo-ALL em Sorocaba
Senhor Diretor Geral,
A FerroFrente: Frente Nacional pela Volta das Ferrovias, na forma de seu estatuto social aqui representada por seu Presidente, Dr. José Manoel Ferreira Gonçalves, vem respeitosamente requerer da ANTT informações e providências quanto às demissões que foram levadas a efeito pela Rumo-ALL em Sorocaba, sem que nenhuma explicação de sua pertinência ou necessidade tenha sido publicada. Ora, são demissões, Senhor Diretor-Geral, que atingiram diretamente o pessoal de recuperação de equipamentos ferroviários, por isso, demissões que prejudicam o setor ferroviário como um todo, mas, mormente, a segurança de quem usa esses equipamentos. Prejudicam ainda toda a população, porque diminuem a segurança sobre os trilhos. Afinal, os lamentáveis acidentes nas ferrovias precisam ser contidos. Acresce que os ferroviários prejudicados merecem melhor consideração individual, familiar e como classe, forma única de evitar que per si paguem por uma crise gerada pela má gestão ferroviária e, desculpe, pela pouca fiscalização da Agência reguladora do setor, que mais vemos – em franca inversão de suas atribuições legais –, atender mais o interesse das empresas outorgadas que o interesse dos usuários e trabalhadores do setor.
Trata-se, Senhor Diretor, de empresa vezeira. Em 2010, a ALL foi condenada a pagar 15 milhões de reais por manter um grupo de 51 funcionários em situação "degradante". Por sua vez, a Cosan, que hoje controla a ALL, também já frequentou a lista de empresas acusadas de

trabalho escravo. E mais, em 2014 o Ministério Público acusou a ALL de não disponibilizar nem água potável a seus trabalhadores. E quando a Justiça a obrigou a dar garrafas térmicas a seus funcionários, para que as abastecem de água a cada estação, a companhia recorreu!
Uma tal empresa, Senhor Diretor-Geral, precisa ser fiscalizada, e, é por força de lei que recorremos ao Senhor. É papel precípuo da ANTT a fiscalização do sistema e o risco que está envolvido nessas demissões.
Oficiaremos o Ministério do Trabalho para o que lhe compete, mas a segurança
ferroviária é direito de todos e, sua fiscalização, obrigação da ANTT.
Como Associação Civil de cidadãos preocupados e atuantes nos rumos do país e com o desmonte da infraestrutura ferroviária criada principalmente com recursos públicos, vimo-nos na condição de suplementarmente informar que o silêncio e/ou a falta de providências quanto ao exposto nos forçará a ações mais incisivas, sendo que a via judicial não fica descartada. Afinal, os trabalhadores ferroviários vêm pagando a conta da má gestão há muitas décadas.
Neste sentido, visando maior clareza, perguntamos:
A ANTT tomou providências no sentido de saber das garantias que dá a empresa supracitada de que a segurança sobre os trilhos não vá diminuir ainda mais devido a esse episódio? Há alguma outra estrutura montada para atender os equipamentos avariados pelo uso?
Houve, por parte da empresa, algum comunicado quanto ao atendimento das garantias trabalhistas desses trabalhadores?
Respeitosamente,
José Manoel Ferreira Gonçalves
Presidente da FerroFrente

O BRASIL NOS TRILHOS VIA TERCEIRO PODER

O Juiz Frederico Botelho De Barros Viana deu despacho em Brasília abrindo prazo de quinze dias para os réus responderem a ação que o Instituído de estudos FerroFrente move contra, entre outros, a Presidenta Dilma Rousseff e a União. De acordo O presidente da FerroFrente, José Manoel Ferreira Gonçalves, esse fato pode ser o marco do início da inversão no processo já quase secular de desmonte dos trilhos no Brasil, iniciado logo após a crise do café, em 1929.
Ainda que a crise seja tão antiga, segundo José Manoel o atual governo fez muito pior, porque utilizou grande montante de dinheiro público para investimentos em ferrovias, fez inaugurações monumentais, mas não aumentou o volume transportado, nem abriu qualquer novo trecho de passageiros, ao contrário, os fechou.
Este estado de coisas, segundo o presidente da FerroFrente, levou a entidade a impetrar a ação judicial N° 006282912.2015.4.01.3400 que corre na 22ª Vara Federal do Tribunal Regional Federal Da Primeira Região Seção Judiciária Do Distrito Federal.
Além da cópia que nos enviou do despacho, respondeu por telefone as seguintes questões:

Quais são as partes da ação?

Quem aciona é a FerroFrente, os acionados são: Dilma Rousseff; União; Ministério dos Transportes; Valec; EPL (Empresa de Planejamento e Logística).

Qual é o propósito? O que consideram ilegal que estão questionando?

O propósito é amplo. Primeiramente o da criação de um fundo ferroviário para garantir os aportes necessários para realizar as obras anunciadas e não entregues, vez que o anúncio gera expectativas e investimentos particulares que acabam malogrados, com franco prejuízo de empresas e pessoas sem que haja previsibilidade de se requerer ressarcimento por via judicial.

Outro importante propósito é o de cobrar das autoridades que cumpram sua obrigação precípua de agir no sentido de colocar em funcionamento os 855 km de trilhos já executados com dinheiro público e que se encontram entregues ao léu, ao carcomer das intempéries e com dolo ao erário, além do dano difuso provocado pela população não atendida, pelo emprego não gerado unicamente pela inércia.

De forma abrangente, o fato denunciado na ação é a omissão do governo federal quanto aos investimentos ferroviários. Considerando o dever do governo de promover políticas de desenvolvimento econômico e igualdade de acesso às oportunidades, a falta de investimentos ferroviários eleva sobremaneira as despesas de transporte e logística e exclui o acesso de diversas partes do território à economia global. O problema se agrava com os anúncios feitos pelo governo federal na pessoa da Presidenta Dilma, de programas de investimento logístico que preveem bilhões de reais que nunca se tornaram realidade nem de forma parcial. Neste contexto, a ação pede que o governo seja obrigado a reservar os recursos anunciados para os investimentos ferroviários e que esses sejam aplicados para essa finalidade, dentro do plano anunciado. Além disso, é dever do governo estabelecer a utilização da infraestrutura existente de forma eficiente e democrática, garantindo a reposição dos investimentos feitos com dinheiro público, como deveria ocorrer na ferrovia norte-sul que, conforme supracitado, tem 855 km implantados e não utilizados e o governo sequer apresentou qualquer plano para recuperar o investimento feito.

Por que seria necessária uma liminar? Isso já foi pedido?

A liminar se faz necessária porque o governo está realizando eventos públicos anunciando que será feita a outorga da ferrovia norte-sul. Ocorre que o modelo de outorga proposto não prevê a recuperação dos investimentos feitos com dinheiro público, o que significa que a ferrovia será entregue ao setor privado com preço abaixo do custo que o governo teve para a construção da ferrovia: notório e lamentável dano ao patrimônio público. Além disso a outorga prevê a concessão

da ferrovia a uma empresa que (ao contrário do que acontece em estradas pedagiadas, nas quais em pagando qualquer cidadão pode trafegar) será "dona" do trecho, prejudicando o amplo uso da ferrovia que só poderá ocorrer a preços estabelecidos por uma determinada empresa e em regime de monopólio.
A FerroFrente defende o modelo de concessão de "operador independente", que garante a utilização da ferrovia com concorrência, garantindo preços mais justos. Nesse sentido o edital da outorga precisa ser suspenso com urgência, liminarmente, vez que vela as informações necessárias para esclarecer como será feita a recuperação do capital e não adota um modelo de concessão discutida em audiência pública. Por isso, a Liminar está pronta e vamos dar encaminhamento imediato!
Mas não é apenas o Governo Federal que tem negligenciado as ferrovias e a FerroFrente está também propondo ação judicial a respeito, por exemplo, dos monotrilhos de São Paulo.

A ação contra o Governo de São Paulo, quanto ao monotrilho já está ajuizada?

Está em fase final de estudos. O departamento jurídico da FerroFrente, capitaneado pelo Dr. Bruno Meirinho, pretende

00628291220154013400

PODER JUDICIÁRIO

TRIBUNAL REGIONAL FEDERAL DA PRIMEIRA REGIÃO

SEÇÃO JUDICIÁRIA DO DISTRITO FEDERAL

Processo N° 0062829-12.2015.4.01.3400 - 22ª VARA

FEDERAL

PROCESSO Nº : 62829-12.2015.4.01.3400

DESPACHO

Notifiquem-se os requeridos, para manifestação previa, nos termos do ¤7º, art. 17, da Lei nº 8.429/92.

Após, retornem os autos conclusos para decisão.

(assinado eletronicamente)

FREDERICO BOTELHO DE BARROS VIANA Juiz Federal Substituto da 4ª Vara/SJDF Em exercício na 22ª Vara/SJDF____________________

____

____

__________ Documento assinado digitalmente pelo(a) JUIZ

FEDERAL

SUBSTITUTO FREDERICO BOTELHO DE BARROS VIANA em 02/02/2016, com base na Lei 11.419 de 19/12/2006.

A autenticidade deste poderá ser verificada em http://www.trf1.jus.br/autenticidade, mediante código 58045983400268.

Pág. 1/1

Este livro foi impresso nas oficinas gráficas da Kotter Editorial [www.kotter.com.br] em papel offset de 90 gr/m², tipologia Adobe Garamond 12/14.5, no outono de 2016.